国家大学生文化素质教育基地系列丛书

丛书总主编 唐平秋　　副总主编 任初明

心理学与人生

王恩界　编著

科学出版社

北　京

内 容 简 介

本书为"国家大学生文化素质教育基地系列丛书"之一,书中将人生中重要的心理学命题划分为四个层面。首先是个体层面,探讨关于自我意识、社会认知、印象整合、归因和态度等方面的问题;其次是人际层面,探讨人际沟通、人际关系、亲密关系及人际吸引的机制;再次是人际互动层面,该层面以角色分析为中心,探讨人际互动的基本形式,以及个体如何受到他人和群体的影响;最后是社会行为层面,基于利他行为和侵犯行为分析社会行为如何受到个体特征与社会情境复杂作用的影响。

本书可作为普通高等学校通识课程教材,也可供青少年和初涉社会的成年人阅读。

图书在版编目(CIP)数据

心理学与人生/王恩界编著. —北京:科学出版社,2015

(国家大学生文化素质教育基地系列丛书/唐平秋主编)

ISBN 978-7-03-044453-0

Ⅰ.①心… Ⅱ.①王… Ⅲ.①心理学-青年读物 Ⅳ.①B84-49

中国版本图书馆 CIP 数据核字(2015)第 114461 号

责任编辑:相 凌 张翠霞 / 责任校对:胡小洁
责任印制:徐晓晨 / 封面设计:华路天然工作室

科学出版社 出版

北京东黄城根北街 16 号
邮政编码:100717
http://www.sciencep.com

北京京华虎彩印刷有限公司 印刷

科学出版社发行 各地新华书店经销

*

2015 年 5 月第 一 版 开本:720×1000 B5
2016 年 1 月第二次印刷 印张:11 3/4
字数:227 000

定价:29.80 元

(如有印装质量问题,我社负责调换)

丛 书 序

培养人才是大学的基本职能，对人才的具体规格要求则因时代环境而异。随着知识经济时代的来临，社会对人才的需求正在发生着深刻的变化。21 世纪需要的人才应该是成人与成才的统一，知识与能力的结合，既要掌握扎实的学科理论知识，又要具备运用知识、创新知识的能力，既要有良好的知识素养，又要有健全的人格。为了能培养与造就符合新世纪需要的人才，许多大学正在招生考试、人才培养模式、课程体系、教学方式方法等方面进行积极的改革探索。其中，打破传统的专业教育培养模式，大力推行通识教育成为许多高校的共同选择，在课程体系改革上，把课程分为专业课程与通识课程两大模块，前者旨在让学生掌握系统的学科专业知识、专业技能，后者意在培养学生的健全人格，促进学生整体素质提升。

然而，在对大学生开展通识教育的实践探索中，我们发现，通识教育不仅仅是教师引导学生的过程，更是要促进学生自我教育、自我学习。为了确保通识教育的有效开展，为学生提供一些符合其需求的通识教育类读物就显得极为重要与必要。因此，广西大学国家大学生文化素质教育基地从哲学、文学、新闻学、教育学和心理学等学科组织了一批教师编写了这套丛书。虽然本套丛书未必能满足每一位大学生的学习需要，但如果通过阅读，学生能从中获得一些启发或感悟，也算是达到了本套丛书的编写目的。

由于能力所限，本套丛书在编写过程中出现的一些纰漏或错误，希望能得到大家的批评与指正。

广西大学国家大学生文化素质教育基地

2015 年 1 月 2 日

前　言

公元前 399 年春夏之交的某一天，苏格拉底站在雅典的被告席，为自己做了最后的申辩，他说道："……（讨论与申辩的）时间太短，我已经无法让你们相信一个真理，这个真理就是'未经省察的人生没有价值'。"申辩结束后，苏格拉底宁愿从容赴死，也不愿意放弃探究人生真理的权利。[①] 后苏格拉底时代，人类不断探索省察人生的维度与方法。心理学无疑对"苏拉格底问题"做出了最好的回答，它提出了一系列的命题，帮助我们审视自我、理解他人，并探究情境之影响。

我们所生活的时代，似乎充满了争论。人们对很多问题都有不同的看法，大到如何全面深化改革，小到客厅里是否应该放一台电视。这些议题甚至能把社会成员分成不同的阵营，如"客厅应该有电视派"和"客厅不应该有电视派"等，人们为此而激励地辩论、争执甚至谩骂。凡此种种分歧的背后，既有个体心理特征的表现，又能反映出社会认同潮流变化。作为社会存在的人，是心理学关注的焦点。人生历程充满了心理活动与社会生活的互动，笔者坚信，要完美地解释当代中国人的行为，应当从社会与心理的联系和互动出发，关注人生当中的心理学命题。只有对此做出深入的批判性思考，才能真正丰富一个人的思想，实现有价值的社会参与，为中华民族的伟大复兴做出自己的贡献。反之，则会被不甚了解的价值理念牵着鼻子走，成为丧失精神家园的"流浪者"。

本书依据心理与社会的联系，将人生中重要的心理学命题划分为四个层面的内容。第一个层面是个体的心理学命题，包括：①人应当如何认识自己？不能全面认识自己的人，也无法认识他人与社会。②社会行为背后的动力是什么？也许个体能够意识到某次行为的目标，但是，社会动机才是人类全部社会行为的深层原因，很多时候行为者意识不到社会动机的作用。③人是如何认识社会客体的？对社会客体的认识，是人类社会心理的基础，据此而形成的印象和归因，影响着个体如何做出后继的行动。④人如何评价社会客体并对其设置反应倾向？这是在认识基础上需要回答的问题，社会态度决定了人们参与社会生活的行为基调。

第二个层面是涉及人与人之间关系的心理学，包括：①信息如何在个体之间传播？如果没有信息的传递与交流，就没有人际交往，个体总是"想方设法"把内在信息传递给他人。②如何建立与保持人际关系？人际关系是个体生存的基本

---

① 周国平．苏格拉底——未经省察的人生没有价值［OL］．http：//www.aisixiang.com/data/60366.html［2005-11-11］．

条件之一，人类生而具有建立关系的本能，并且通过亲子互动学习抚养者的人际行为取向。③人与人之间是如何相互吸引的？这是一个神秘而重要的问题，本书着重分析了影响人际吸引的日常因素，如美貌等，并探索了人际吸引的深层形式，即亲密关系。

第三个层面是人际互动中的心理学命题，包括：①人际互动的基础是什么？人际互动与人际关系不同，它是角色化的互动与交往，而人际关系是以私人交往为核心特征的。②人际互动的基本形式有哪些？在人际互动中有可能发生哪些类型的冲突？如何解决这些人际互动冲突？本书对这些问题也做了探索。③个体如何受到其他个体或群体的影响？在个体对个体的社会影响方面，本书探讨了社会促进、社会抑制、服从与顺从；在群体对个体的社会影响方面，本书探讨了社会惰化、去个性化和从众等方面。

第四个层面是社会行为中的心理学命题，包括：①个体为什么会做出利他行为（altruistic behavior）？利他行为对行为者而言，无法带来物质形式的外在奖励，却普遍存在于人类社会生活之中，本书主要展示了相关理论对利他行为机制的解释。②个体发生侵犯行为的原因是什么？如何控制侵犯行为？侵犯行为与利他行为是人类行为中性质迥异的两个方面，这种矛盾性更能反映出人作为联结心理与社会的主体的复杂性。

由于时间和能力有限，书中存在的不足之处，恳请广大读者批评指正。

王恩界

2015 年 3 月

目　　录

第一章 自 我

人生最困难的事乃是认识自己。

——泰利斯（古希腊）

日常生活中，当人们使用"我"的概念时，有多少次仅指自己的"肉身"，又有多少次指的是自己的"心灵"？脱胎换骨，是中国道家修行成功的标志。通过清净心灵，达到从肉胎向圣胎的羽化登仙，可见，古人对人类心灵与肉身有着不同的看法。勒内·笛卡儿（René Descartes，1596—1650）有一句名言：我思，故我在。其所谓的"我"，是思维的"我"，是认知社会与自然的"我"，是作为万物尺度的"我"。从这一点来看，笛卡儿的"我"，已经从哲学探讨渗入到心理学领域中来。

威廉·詹姆斯（William James，1842—1910）是美国心理学的创始人之一，他在《心理学原理》中对自我进行了精妙的划分：自我既是活跃的信息加工者（主我），也是关于自身信息的集合（客我）。从动态的角度来说，主我（I）可以把与我有关的事物作为知觉对象，此时，它可以称为自我意识或自我知觉；从静态的角度来说，客我（me）是关于自己的看法与观念，此时，它可以被称作自我概念。自我概念是自我知觉与自我意识活动的客观结果，例如，当个体系统回顾自己所经历的考试及其结果时，很可能会由此产生"我擅长考试"或者"我不擅长考试"的自我判断，也可能会产生"对我来说，考试考好要靠运气"的想法。

自我意识通常被定义为个体对自己身心状况、社会地位及人际关系等方面的认识、情感和意向。自我概念则是自我意识的静态结果，是个体对自身存在状态的体验，由一系列关于自我的判断构成。而自我知觉是指发动、延续自我意识活动时高度集中的自我注意状态。在某些时候，个体对认识自身充满了兴趣，不但关心自我的真实情况，还关心自己在他人心目中的形象。然而，个体的自我知觉与自我意识容易受到外界信息的暗示，从而出现自我认识的偏差。例如，个体经常对自己持有笼统的、一般性的自我认知。有研究者给多名被试做了一项人格测验，然后让每个人从所有人的测试结果及一份笼统的人格描述中去找到属于自己的测试结果，结果发现：绝大多数人认为，那份笼统的人格描述更像是对自己的评价。[1]有的研究者将这种现象称为巴纳姆效应（Barnum effect）。

巴纳姆效应可以在一定程度上解释为什么有的人会认为算命很准。算命者所给出的人生概括和未来预期，往往是模糊而又笼统的，被算命者有很大解释空间来用自己的经历去印证这种模糊概述。被算命者通常希望了解自己的未来状况，甚至可以说，他们相信有人能够告知自己将来会发生什么，当他们带着这样的预期和愿望去解读一种模糊而又笼统的卦词时，总能够找到与自己经历相契合的地方。于是，在自身需要与他人"协助"下，完成了一次目标在于自我满足的人生解释与探索。本章旨在从客观的维度与视角分析个体自我意识的发展与维度等方面的内容。

第一节　自我意识的发展

在希腊神话中有这样一则故事：那喀索斯（Narcissus）出生的时候，他的父母请神为孩子指点未来的命运。神示："不可使他认识自己。"那喀索斯的父母谨记神示，从来不敢有机会让他见到自己。16年后，那喀索斯已经长成一位丰神俊朗的少年，整日背着弓箭，在树林里以打猎为乐。一日，那喀索斯在林中长途奔跑后，觉得又累又热又渴，这时，他发现一潭清澈透亮的湖水，这潭清湖从未被污染过，湖面上没有一片败叶，也没有一条枯枝。那喀索斯迫切地俯下身，想喝几口清凉的湖水。

突然，那喀索斯发现水中有一个人，那人如此美丽：古铜色的肌肤没有一点瑕疵，两条弯弯的眉毛如江雾笼罩的新月，整齐的牙齿如玉石一样洁白发亮，细长的脖颈宛如出水芙蓉一般妖娆。那喀索斯欣喜无限，还以为是水中的神女在窥视他，不知不觉间竟爱上了自己在水中的倒影。那喀索斯想去亲吻水中的情人，但嘴唇刚触到水面，倒影便化作阵阵涟漪；过了好一会儿，倒影又重新出现；他伸手想去揽住情人，但手一触到水面，倒影便又消失了。那喀索斯踌躇无限，在湖边流连思考如何取悦水中的神女。时间静静流逝，他不吃不喝，既不觉得渴也不觉得饿。他健硕的形体逐渐消瘦，眼睛里的神采逐渐消失，却怎么也想不到取悦神女的办法。最后，他痛苦地倒在湖边，永远地闭上了双眼。过了几天，就在那喀索斯倒下的地方，长出一株娇艳的水仙花（narcissus），在湖面上映射出美丽的花影。今天，英语中的自恋（narcissism）一词便源于那喀索斯的故事。

一、自我意识的种系发展

人们一度认为，自我意识是人类所特有的。盖洛普（Gordon Gallup，1941—　）等人使用描红实验发现，人类不是唯一具有自我意识的物种。以猩猩为例，研究者在猩猩的笼子中安放一面镜子，当猩猩熟悉了镜子后，对它们进行短暂的麻醉，并在其眉心涂上鲜艳的红点，或者将它们的耳朵涂红。当它们苏醒过来以后，猩猩面对镜子中自我映像的变化会有什么样的反应呢？该实验发现：

几种类型的猩猩在看到镜像之后，会立即触摸自己被涂红的部分，以探索异样的原因。猩猩的这一举动表明，猩猩通过与镜子的互动，已经能够意识到镜子里的是自我映像。而那些没有自我意识的动物，如白鼠，则会去探索镜像里白鼠的异样之处，这说明它们并没有意识到镜像只是自身的反映，尚未形成关于自我的意识。类似的描红实验还发现：海豚、大象也具有初步的自我意识。[2]从动物种系的发展来看，自我体验与动物大脑前额叶背侧区域的发展程度有着直接关系。人类婴幼儿的自我意识也不是与生俱来的，而是随着婴幼儿大脑的发展及与社会互动的增加而逐渐形成的。

二、人类自我意识的发展

有研究者对 3~24 个月的婴幼儿群体进行了描红实验，在婴幼儿不觉察的情况下，给他们的鼻子描上一个红点，当婴幼儿重新回到镜子前时，如果能够根据镜像去擦拭自己鼻子上的红点，则说明其意识到自我形象的变化。该实验结果表明，24 个月左右的幼儿基本上形成了自我意识。相关研究还发现：9 个月左右的婴儿，对镜子本身更感兴趣，而对镜子中的自我映像没有兴趣；12 个月以后的幼儿，才开始对自我映像产生兴趣，他们对着镜子微笑、亲吻，并跑到镜子后面去找这位"小伙伴"；大概在 18 个月之后，幼儿开始注意到镜内映像与事物之间的对应关系，对映像动作与自身动作同步感到好奇，此时，1/5~1/4 的幼儿能够辨认出自我形象；24 个月之后，大部分幼儿都有了稳定的自我意识。[2]人类的自我意识发展经历了物我分化、人我分化，以及使用第一人称代词等多个重要阶段。

（一）物我分化与主体意识

婴幼儿自我意识的发展，与其感觉器官的逐步完善、社会活动的不断增加有关。新生儿不知道自己身体的存在，对他来说，吸奶嘴和吸手指是一样的，吮吸是新生儿的重要本能，口唇能够接触到的任何东西，都可以用吮吸的方式加以尝试。此时，他们触摸自己的身体与触摸其他东西没有什么差异。因为新生儿的皮肤感觉分析器发展还不够成熟，还不能分析来自皮肤的触觉属性。但是，随着皮肤感觉分析器的发展成熟，婴儿逐渐有了自我的感觉，表现为他开始发现触摸自己与触摸物体有不同的效果，逐步产生了物我的感觉分化，慢慢出现了主体意识。主体意识能够让婴儿把自己和外界区分开来，形成自我的最初边界。

婴儿从出生后的第 3 个月起，开始出现一种不随意的手部抚摸动作，他下意识地抚摸衣服、被褥、身体、玩具、亲人或者自己的小手。到了第 5 个月左右，由于反复进行抚摸动作，相同或相似动作总是能够引起相同或相似的结果，婴儿逐渐形成了反映事物关系的稳固感觉，即运动表象。运动表象的形成有赖于听觉分析器、视觉分析器、前庭分析器等都具备了初步功能。具有运动表象的婴儿学会了动作，从而使动作带有一定的随意性，此时，婴儿开始赋予每个动作以主观意图，当它看到人或玩具时，不但可以发出快乐的声音，而且还会主动伸手触摸。

到了 6 个月之后，婴儿学会了用拇指和其余四指对立的抓握动作，这是人类操作物体的典型方式。婴儿在抓握过程中，逐步形成了眼手的协调运动。例如，在眼睛的配合下，双手分别把玩两个物体。视觉与动觉的协调运动，发展了儿童的知觉和具体思维能力，有预见性的随意性动作的形成，标志着婴儿出现了主体意识，能够把自己和自己的动作区分开来。

在 1 岁左右，婴儿开始能够把自身动作和动作结果区别开来，如它开始知道自己拍打气球会导致气球的移动。而在此前阶段的婴儿，还不知道气球的运动是自己拍打的结果，也不能预测一种动作会有哪些结果。但是，随着皮肤感觉分析器和视觉分析器的发展，以及各种动作的协调活动，婴儿开始意识到某种动作会产生特定的结果。能够预测动作结果之后，婴儿可能故意将东西丢在地上，以发出声响引起成人的注意。当这一目的达到以后，婴儿可能会开心地笑，因为其预期得到了实现。

（二）人我分化与自我知觉

3 个月大的婴儿开始出现对他人微笑的有意识行为，表明婴儿对他人的刺激产生了反应，这是最初的人际相互作用反应，也是自我与他人互动的基本方式。婴儿首先认识的是他人形象，6 个月大的婴儿已经能对不同人做出不同的反应（如对父母亲热、对陌生人回避）；婴儿在 12 个月以后，可以从镜中认出父母的形象，并且开始关注镜中的自我映像，出现与镜中我玩耍的倾向；20 个月以后，开始能够区分出同伴的映像（包括从照片上辨认出来）；26 个月以后，幼儿能够从镜中或照片上准确认出自我形象，这标志着幼儿出现了最初的自我意识，即自我知觉。

（三）使用第一人称代词与自我意识的形成

在 1 岁以后，幼儿能够把自己和自己的名字联系起来。例如，一个叫豆豆的新生儿，当父母最初叫他"豆豆"的时候，他的朝向反应是指向父母所发出的声音；当父母与其他成人反复称呼他为"豆豆"时，他逐渐把"豆豆"的发音特征与自己建立了稳定联系。随后开始学会用这个名称来代表自己，当他能说话时，也会称自己为"豆豆"，并借此发展出对自己身体的感觉和躯体的认识。例如，他可能会说：这是豆豆的鼻子；豆豆饿了；豆豆要出去玩；等等。

在 2 岁末期，幼儿开始学会使用物主代词"我的"，然后发展到能够使用第一人称代词"我"。掌握有关自我的词汇，标志着他在主体意识的基础上形成了自我意识。此时如果大人问"豆豆饿不饿?"时，假设他只有主体意识，则很可能的回答是"豆豆不饿"或"豆豆饿了"，这是作为一个主体的回答，豆豆是和妈妈、爸爸、奶奶、爷爷一样的主体；如果当大人问"你饿不饿?"或"豆豆饿不饿?"，幼儿能够回答"我不饿"或"我饿"时，这与他回答"你不饿"或"豆豆不饿"的行为具有重要的差异，此时，幼儿不再把自己作为与其他主体一样的主体来看待，而成为"我"，与之相对应的则是"你""你们"或"他""他们"。学会使用第一人称代词"我"，标志着幼儿具有抽象和概括能力了，没有抽象和概括能力，自我意识就不会出现。

主体意识的出现要早于自我意识，它是自我意识形成的基础。主体意识是婴幼儿在"物我分化"的过程中形成的，当婴幼儿出现了"人我分化"时，自我觉知出现，自我意识也开始形成。此时，主体意识与自我意识开始相互作用，共同发展。当婴幼儿掌握了随意性动作和语言、区分动作的进程与结果、能够意识到自己的主观力量时，主体意识便开始融入到自我意识当中了。

第二节　自我的维度

自我意识是人对自身存在状态的认知，而人的存在状态是多元多维的，所以，人的自我意识也是多元多维的。关于自我意识的维度，可以从多种视角进行划分，既可以从静态视角出发，来分析自我的组成结构，如威廉·詹姆斯所划分的物质自我、社会自我与心理自我；也可以从动态的视角出发，探索自我的发展过程，如埃里克森所提出的自我发展八阶段理论。

一、物质自我、社会自我与心理自我

威廉·詹姆斯被誉为科学自我研究之父，他不仅提出了主我与客我的划分方式，还提出了物质自我、社会自我与心理自我的划分方式。即使在今天看来，这也是关于自我类型的经典划分方式之一。

物质自我也可以称为生理自我，是指个体对自己躯体、性别、体形、容貌、年龄、健康状态等生理特质的意识。有的学者将生理自我中的关于自身躯体的认知成分单独称为身体自我，简言之，身体自我是个体对自己身体层面的认知与情感等。还有学者将外部世界中与个体生理自我密切联系的所有事物统称为物质自我，物质自我不仅涵盖生理自我的相关内容，还包括与个体密切联系的财产或所有物等。当然也有学者认为物质自我、心理自我、身体自我实际上可以相互替代使用。当个体审视自己的物质自我时，会产生相应的自豪或自卑的情感，在行为意向上表现出对身体健康、仪表美、维护所有物的追求。物质自我是个体对自己身体、生理或物质层面的认知、情感与行为意向。

社会自我是指个体对自己的社会地位、社会阶层、国家、民族、所处历史时代等社会属性的意识。从微观视角来看，社会自我包括个体在群体中的位置、受人尊敬程度、被周围人接纳的程度、职业声望等；从宏观社会视角来看，个体所属的时代、国家、民族、文化群体等特征，也是社会自我的构成部分。当个体审视自己的社会地位并与他人比较时，会产生自尊、自豪或自卑、自贱的情感，而这种与社会自我相关的情感，主要受到个体自我理想与自我评价的调控。社会自我也能产生相应的行为意向，例如，让个体表现出追求名誉与社会地位、与人交往、与人竞争、与人合作等行为来。

心理自我是个体对自身心理特征的评价与意识，包括自己的能力、智力、兴趣、爱好、性格等方面。心理自我是内在的，与社会自我、物质自我所具有的外在共识较多相比，其主观成分通常会更多，因此，对于青少年的教育和人的自我修养而言，心理自我的发展与培训是相当重要的。心理自我同样具有自豪或自卑的内在情感，也可以产生相应的行为意向，既可以让个体表现出追求智慧、培养能力、追求理想、追求爱好等行为来，也可以让个体表现出逃避责任、懒于思考、疏于行动等行为来。

二、本我、自我、超我

弗洛伊德（Sigmund Freud，1856—1939）在古典精神分析理论中，将自我结构划分为本我、自我、超我三部分。虽然在当代心理学研究中，已经较少使用这套自我符号体系，但是，该分类体系在今天也不失为一种非常具有启发性的自我类型划分方式。在弗洛伊德看来，本我是人类与生俱来的，是由原始的本能、欲望与冲动所构成的。本我中具有人类个体发展的原动力，幼小的人类新生儿之所以生长得相当快，正是因为其具有强大的内在驱力。本我所遵循的快乐原则促使个体追求原始欲望的满足，饿了就要吃，困倦了就要休息，而不考虑外在情境的要求。

自我，则是从本我中发展出来的，是被现实驯化的本能。当本我发展到一定程度以后，本我中有一部分变成了自我。自我的行为原则是现实原则，它要求本我冲动时不能盲目地追求满足，否则不但不能满足需要，还会受到现实的惩罚。自我的产生主要是为了调节本我与现实的冲突、本我与超我的冲突，健康的自我能够适应现实，以减少冲突的方式达到本我、超我、现实的和谐互动。

超我，是个体内化的道德规范与社会理想；是人类婴幼儿在与其父母互动过程中，将父母的要求与社会规范内化的结果。父母与社会禁止做的行为，被内化为超我的良心。个体一旦做了不该做的事，经常会说自己的良心不安，因此产生内疚感。父母与社会鼓励做的行为，被内化为超我的理想，当实施了这类行为时，人们则会感觉到自豪。良心与理想是超我的主要组成部分，超我的行动遵循道德要求，它时时从社会所约定的方面对自我进行限制。

三、现实自我与理想自我

卡尔·罗杰斯（Carl Rogers，1902—1987）认为，自我既包括现实存在，又包括观念存在。那种由于受到现实环境影响、在与情境的相互作用中表现出来的现实存在状态，可以称为现实自我。现实自我，是个体认为自己实际上是什么样的人。理想自我，是个体经由想象或者为了满足内在的需要，而在观念中建立起来的有关自己的理想化形象。理想自我是人希望自己变成什么样的人。理想自我的形成，也包含对他人要求、社会规范的呼应，更为重要的是它能够满足个体的内心需要，整合了这些内容的理想自我则是观念而非实际的存在。

无论是现实自我，还是理想自我，其形成与发展都与个体的生活环境息息相关。现实自我的形成是个体与生活情境密切互动的结果；理想自我则是个体根据内心需要整合社会规范、他人要求的结果。通常，当理想自我是建立在对自身的理性认识并且合乎社会规范时，理想自我可以对现实自我的行动进行有效的调节，成为自我的现实状态与理想状态的桥梁。然而，当理想自我是基于自我焦虑而产生，或者是建立在关于自身的非理性认识基础之上时，理想自我与现实自我之间会出现无法逾越的鸿沟。当个体逐渐发现自己无论如何努力，都无法达到理想的状态时，他会由此而产生愤怒、怨恨、自卑或逃避等非适应性倾向。此时的个体，如果不能有效调整理想自我，非适应性的理想自我会成为心理健康的威胁，引发个体内在的困惑与混乱，从而造成生活适应上的困难。

四、公我与私我

从自我的内容是否能够面对社会与他人的视角来看，可以划分为公我与私我两个维度。公我是个体可以向社会或他人公开的内容和信息，如自我的仪表、言谈举止、对社会公共事务的观点、兴趣与爱好等方面；公我是公开的、社会的，并且与他人相关。私我则是不可被他人所随意获得的隐私信息，私我往往与他人无关，是非社会性的，因此也是不便于向他人公开的个人信息。公我与私我是相互对立的渐变系统，两者具有相对性，此人的公我，可能对于彼人来说则是私我。

自我信息不但有公我和私我之分，还可以根据人对公我信息与私我信息的重视与关注程度，区分出公我意识程度高与私我意识程度高的两类典型个体。公我意识程度高的个体，更为关注社会压力，对于他人关于自己的意见与看法非常敏感，他们愿意为所期待的社会交往而调整自己的行为与想法。因此，公我意识高的个体在不同社交情境中，可能会传达不同类型的信息；而私我意识程度高的个体，对社会压力较不敏感，比较关注自我内在的情绪情感和价值理念等，较少考虑他人的意见与想法，可能会在不同社交情境中表达更为稳定的个人观点。

中国学者李强基于做问卷调查的经验，提出中国人的"心理二重区域假说"。该假说提出：人的心理存在两个区域，一个是可以对外的区域，类似于本书所区分的公我；另一个是不对外公开的、隐私的区域，类似于本书所区分的私我。李强认为：对于典型的西方人来说，公我区域大于私我区域，而且这两个区域是和谐的，处于一个统一的连续体系中；但是，中国人的私我区域大于公我区域，有时公我区域与私我区域还会处于对立状态，所以在很多时候，中国人在公众面前只发表一般性、原则性甚至是奉承性观点，而在可以信任对方的私人情境中才会发表真实观点。[3]

第三节　自我概念从何而来

20 世纪 50 年代，卡尔·罗杰斯提出了，用来指代人对自己是谁，以及自己看起来怎么样的主观知觉与知识。此后，自我概念成为罗杰斯与人本主义者的人格理论核心。罗杰斯认为自我概念是习得的，而且自我概念对自身的人格与行为的影响至关重要，自我概念也是影响心理健康状态或病理状态的关键因素。那么，自我概念中所包含的自我知识与看法是经由何种途径形成的呢？个体每天都会进行一些与自我概念形成有关的社会心理活动，如自我知觉、听取他人关于自我的反馈、进行社会比较、形成社会认同与身份认同等，这些社会心理活动是自我知识的常规来源。此外，自我概念的形成离不开文化与社会化（socialization）等宏观背景，并且自我概念还会受到一些微观因素的影响，如反射性评价、环境独特性、操作性自我等，这些微观因素如果长期稳定地存在，也会对自我概念形成塑造式改变。

一、常规途径

自我知觉（self-awareness），是指高度集中的自我注意状态。当人们站在镜子前审视自己的时候，对自己的仪表便处于自我知觉状态；当人们在深入思考自己的所行所为、所思所想时，对自己的心理活动便处于自我知觉状态。如果没有自我知觉，那么个体就无法形成自我意识与自我概念。贝姆（Daryl Bem，1938—　）提出的自我知觉理论（self-perception theory）认为：个体对于自身某些方面特征的认识，来自对自己相关行为的观察与知觉，当发现自己在某些方面表现出有规律的行为时，便可获得关于自我的相关知识。成年人对于自我概念的重要方面，往往具有明确、持久的内在信念作为参照，但是，自我知觉仍然是日常生活中获得关于自我知识的重要来源。

环境因素与个性因素是发动自我知觉的两个来源。环境因素会影响意识活动的指向，当人们关注外在信息，如看电视或欣赏球赛时，会专注于环境刺激而疏于自我关注；相反，当人们被要求在公共场所发言或者在课堂上被提问时，则会因为环境刺激，而更加专注于自己的反应，此时就处于高度的自我知觉状态。不管环境刺激如何，有些人的个性更加倾向于关注自我而非环境。

他人反馈，是指来自他人关于自我的语言或非语言形式的评价。他人会通过各种形式给予一些关于自我的具体反馈。对于学龄前儿童来说，父母的反馈及评价对其自我概念的形成最为重要，父母对其个性的评价、对其行为表现所做出的一颦一笑等，都会影响到学龄前儿童的自我概念；对于学龄儿童来说，来自教师的反馈变得更加重要，教师对学龄儿童的关注、对其学习表现的评价，甚至是教师点名的顺序，都可能会影响到他们对自己的看法；进入青春期以后，同伴反馈对自我概念的影响越来越大，青春期少年受同辈群体的欢迎程度、在同辈群体中的社会位置、是否有伙伴邀请其参加活动等，对于其自我概念的发展都有重要的影响。

在自我发展的任一阶段中，他人反馈都会影响到自我知识与评价。有时候，人们喜欢关于自我的客观评价，此时，他人真实态度的反馈会受到自我知觉者的重视，尤其是当一个人认为自己能够改善自己时更是如此。还有些时候，人们喜欢那些支持自我价值的反馈，尤其是对于那些认为无法改善自己的人而言，威胁自我价值的他人反馈是令人愤怒与沮丧的，可能会引起自我概念的焦虑性冲突。

在缺乏评价自我的客观标准时，与他人进行社会比较是认识自我的重要途径。里昂·费斯廷格（Leon Festinger，1919—1989）认为：人类有了解自身的社会地位、能力水平等诸方面情况的需要；如果存在评价自我的客观手段，那么，人们会优先选择这种方式；如果缺乏认识自我的客观手段，就会通过与他人进行社会比较，来判断自己在各方面的相对水平；在进行社会比较时，周围人更容易被选作比较对象。

社会比较有两种基本方向：一种是上行比较，即与那些比自己优秀的人进行比较；另一种是下行比较，即与那些不如自己优秀的人进行比较。当个体的自我评价受到威胁时，下行社会比较通过设置较低的参照体系，可以帮助个体建立积极的自我概念，而上行社会比较通过设置更高的参照标准，可能会使个体的自我评价降低。社会比较的动机差异，是引起不同比较方向的原因之一。

社会认同也是自我概念的组成部分，个体认识到其归属于特定的社会群体后，这种感知到的群体资格会赋予他与自我有关的某种情感和价值。人们生活在不同的群体之中，小到自己的家庭、生活社区、所属学校、所属班级等，大到所属社会阶层、民族或种族群体、职业群体等，对这些群体的认同，会导致个体将群体特点描绘为自我的特点。例如，当一个中国人在总结自我知识时，其对中国人群体的认同，会让他把一些典型的中国人特质描绘为自己的特点，此时，他更有可能将自己描述为"聪明、勤劳"。在社会化过程中，社会认同与自我概念在相互作用中彼此塑造。

二、宏观背景

跨文化研究表明：不同文化背景的人，对于自我的认识具有典型的差异。相同文化中的个体，具有较多共享的自我概念成分。文化是影响个体自我概念形成的重要宏观背景，在以美国为代表的西方个体主义文化中，人们非常强调自我的独特性，认为自我是独立行使功能的单元。个体主义文化中的人更为强调独立的行动，为自己的行为负责。而在相互依赖的文化中，自我概念与他人密切相关，自我知识与结构随着社会背景特征而变化。

自我的大部分知识都来自社会化。社会化是文化在个体成长的环境中的具体作用方式，表现为个体从出生到成长为社会人的过程。在个体社会化过程中，自我概念会逐渐形成，社会化综合了各个方面的作用与影响，将文化特征、群体特质、他人评价等信息都变成人们身上自我知识的重要部分。社会化既是个体参与社会生活、获得成员资格的过程，也是社会有意识地传递相关知识与规范、塑造合格社会成员的过程。在社会化过程中，个体会获得自我概念，并以此作为参与社会生活的内在条件。

三、微观影响

人们可以通过别人对自己做出的即时反应来认识自己，这种由他人做出的、能够影响到自我评价的即时反应，可以称为反射性评价。反射性评价的作用是微观的，很多时候觉察不到。但是，一系列相同或相似性质的反射性评价，则会强化或改变自我知识。有研究者发现，让被试看过一张皱着眉的照片后，再进行的自我评价可能会较低；如果这张照片上皱眉的是权威人士，其对自我评价的影响会更大。在这类研究中，皱着眉的照片发挥着反射性评价的作用，在日常生活中，父母的一句批评或表扬，教师的一个表情或眼神，朋友的趋近或疏远反应，也都是反射性评价。查尔斯·库利（Charles Cooley，1864—1929）提出的"镜我"概念认为：人的自我形象，乃是别人看自己的方式，而镜我则可以理解为稳定的同一性质的反射性评价所形成的自我概念。

环境中个体的独特性也为人了解自己提供了便利的条件，特别是那些让人们显得与众不同的独特之处，会成为自我知识的重要部分。如果你是全村唯一的大学生，或者是全班唯一的国家奖学金获得者，这种独特之处都会成为自我概念的重要成分。相反，如果某人是重要考试中唯一的不及格者，或者群体中唯一的肢体畸形者，这些特别的地方也会严重地影响到他的自我概念。研究者发现，让大学生们形容自我时，他们通常提到那些使他们与众不同的特质。例如，如果某人是家里唯一的男孩，他有 3 个姐姐，那么，他会认为性别是自我的重要特征之一；而对于他的姐姐们来说，性别则不是自我的重要特征。[2]

操作性自我是指与具体情境相联系的自我知识与判断。这一具体情境可能是临时的，也可能是新发生的，当个体参与到其中之后，会根据情境的要求，来设置自我表现与之相适应。正常情况下，人们在不同的情境下会有不同的反应，如在学习时认真严肃、在娱乐时活泼开朗。为什么在不同情境中，人们有不同的自我表现呢？这是因为人的自我可以具有多种特征，个体会根据情境的需要与要求，表现出与之相适应的自我特征来。而所谓操作性自我是指自我概念中与具体情境相联系的部分。在学习的时候，工作自我会主导人们的想法和行为方式，而在舞会上，社交自我便会表现出来。

操作性自我，是自我对具体情境的适应性表现，可以在具体情境中引导人的社会行为。操作性自我也能导致自我概念的永久性变化。例如，一位大学生毕业后，来到监狱里从事行为矫正教育工作。刚开始的时候，他可能还不太适应新角色，面对矫正对象时的权威性表现，只是他工作时的操作性自我。然而工作一段时间以后，开始只是作为操作性自我的权威性特征，可能会成为其自我概念的稳定部分，他在其他情境或生活领域中，也会逐渐表现出这样的自我特点来。

参考文献

[1] 郑小兰 . 改变一生的 60 个心理学效应 [M] . 北京：中国青年出版社，2009：11.
[2] 泰勒，佩普劳 . 社会心理学 [M] . 谢晓非等译 . 北京：北京大学出版社，2004：102-108.
[3] 李强 . "心理二重区域"与中国的问卷调查 [J] . 社会学研究，2000，（2）：40-44.

第二章　社会动机

不能激励自己的人必须满足于平庸，不管他们的才能多么出色。

——安德鲁·卡内基（美国）

每天清晨，大多数人起床开始一天的工作。但是，为什么人们会选择做某些事，同时也会放弃另外一些事？为什么有人可以长期坚持，只为最终实现目标？为什么有人做事总是半途而废，多年事业无成？为什么有人目标清晰、动力十足？为什么有人懵懵懂懂，只能跟随别人亦步亦趋？为什么有人在考试中，总是能发挥自己的最好水平，而有人平时则表现更好，考场上却总有遗憾？以上这些现象与问题，都与人的社会动机有关。

第一节　社会动机概述

社会动机是人类社会行为的直接原因，每一种社会行为发生之前，都是先有社会动机的形成。行为者对自身的社会动机意识程度有高有低，有时，个体明确知道行为的目标，以及如何实现目标；有时个体意识不到行为的目标，也不知道应该如何实现目标。但是，无论个体对自身社会动机的意识程度如何，社会行为都是由社会动机所决定的。

一、动机及其来源

动机是引起、发动、维持和调节行为的内部心理过程[1]。动机来源于需要，需要是有机体内部的不平衡状态[2]。当人处于饥饿、干渴、困倦等情境时，有机体便会处于失衡状态，这种失衡会引起有机体内部的紧张与焦虑，人会努力根据外在线索和自身经验，来解释其背后原因。归因之后，为了缓解这种紧张与焦虑，应对行为与策略开始被构思，新的动机就这样逐渐从需要中具体成形。

动机来自需要的具体化。例如，当我们感觉到头痛时，这种痛苦线索会引起我们的关注，我们会对其原因做出解释，也许会归因于前一天睡得太晚，导致休息不好；也许会归因于最近压力太大，导致紧张性头痛；也许会归因于天气变化，着凉所致。根据自身的实际情况和以往经验，我们会评估哪种原因可能性最大。假如前一天晚上休息得较好，而最近的天气变化也不大，但是工作压力确实比较大，那么，头痛问题可能被视为一种压力反应。暂时放下工作，利用休闲活动放松一下，或者把部分工作交给别人完成，等等，都能起到减轻工作压力的效果。我们会根据实际条件，选择一种看起来最适宜的办法。而在上述过程中，需要逐渐具体、清晰起来，最终变成了一种明确的、可以发动指向特定目标行为的动机。

二、社会动机及其功能

人类的需要可以按照其来源属性，划分为自然需要和社会需要。自然需要源于人的自然属性，用以保存自身和延续基因的生物本能。来源于自然需要的自然动机，往往与饮水、摄食、排泄、睡眠、性活动等方面有关。这些自然需要都具有周期性，所以，与之相关的自然动机也会周而复始地形成。社会需要源于人的社会属性，亚伯拉罕·马斯洛（Abraham Maslow，1908—1970）在划分人类需要时，非常强调那些与人类社会属性相关的需要类型，如安全需要、归属需要、被尊重的需要和自我实现的需要等，这些社会需要都可以产生非常丰富的社会动机。对于人类而言，社会动机更能体现人类心理与行为的特殊性。

可以说，社会动机是社会行为的直接原因[3]。人类的社会行为从表象上看是非常复杂的，其背后都有特定的社会动机加以支持和激励。没有社会动机的存在，就不会有社会行为的发生。人们在实施社会行为时，有时对社会动机的意识程度很高，即明确知道自己这样做的原因；有时则对社会动机的意识程度较低，行动者没有想过或者不太清楚自己的动机是什么。但是，每种社会行为背后至少有一种社会动机的存在，并且几种常见的社会动机（如亲和动机、成就动机、权力动机等）激励着个体的大部分社会行为。

社会动机具有指向目标、激发行为、维持行为及调节行为四种功能。指向目标是社会动机在形成时便具有的特点，它为社会行为设定了预期状态，规定了社会行为的形式与性质。社会动机不但像"方向盘"一样，可以指向特定目标，还具有"发动机"的功能，能够激发人们的行为，使人们从没有行动的状态转换到行动状态。可能每个人都有这样的经历：在冬日清晨醒来之后，不愿离开温暖的床，但想想今天还有哪些事情要做时，马上就有了起床的动力。维持行为指的是在目标实现之前，可能需要长时间的努力，动机必须要在较长时期内保证行为的持续，直到目标实现为止。就好像考研需要数月努力，在考试结束之前，考生必须一直坚持复习行为才行。具有能够长期维持行为的社会动机，也是人与动物的重要差别。调节行为是指在行为受阻时，动机可以调整行为方式，使之改变形态后依然指向特定目标。

三、最佳动机水平

社会动机的强度与人类活动表现息息相关，但是，社会动机强度与活动效率的关系较为复杂。就中等难度的任务而言，并不是社会动机越强，活动效率就越高，过低或过高的社会动机都可能会抑制活动的绩效；而中等强度的动机，最有可能导致较高的活动效率。因此把最好的活动绩效所对应的动机强度称为最佳动机水平。对于中等难度任务而言，最佳动机水平通常处于中等强度的动机范围之内；对于简单任务来说，完成活动的动机水平越高，活动效率通常越高；但对于复杂任务来说，最佳动机水平会处于较低强度的动机范围内。总体上表现出最佳动机水平会随着任务难度的上升而逐渐下降的规律[3]。

上述内容就是耶克斯-多德森定律的主要观点。耶克斯-多德森定律指出：最佳动机水平是随着任务难度而变化的。如果人们在完成一件活动之前，能够找到完成该任务的最佳动机水平的话，那意味着能够获得更好的行为表现。虽然人们无法为每件任务找到精确的最佳动机水平，但是，耶克斯-多德森定律提示人们：在做简单任务时，行动者可以通过提高动机来实现更好的活动表现；在完成中等难度的任务时，行动者需要将行为动机控制在中等强度水平上，过高的动机水平会抑制活动表现，过低的动机水平也不能实现高绩效；所从事的任务难度越高，行动者就越有必要降低行为动机的强度，以免被唤起的高动机水平干扰活动绩效。

四、内部动机与外部动机

依据社会动机的指向，可以将其划分为内部动机和外部动机。内部动机是指行动者所追求的目标是活动本身，而不是活动所产出的结果，活动过程中包含着让行动者感兴趣的内容，行动者出于爱好等原因，可以在活动中获得良好的自我体验与满足。外部动机是指，行动者追求的目标是活动所产出的结果，他对活动本身并不感兴趣，但能够从活动结果中得到满足或者良好的体验。内部动机是指向活动过程的动机，外部动机是指向活动结果的动机，这是两者最主要的差异。

内部动机与自我强化有关，行动者被活动内容所吸引。内部动机指向活动内容本身，其对行为的发动、维持、调节作用与行动者的兴趣有关，只要兴趣存在，动机就会一直延续。外部动机与外部强化或替代性强化有关，行动者的目标在于获得活动结果。外部动机对于行为的发动与维持，往往是在活动结果产生之前，当活动结果出现、行动者感到满足之后，外部动机可能会随之消失，这就好像是：有的同学看书学习，如果目标是为了应付考试，那么在考试合格之后，看书的动机就会减弱，甚至消失。

内部动机与外部动机之间具有一定的联系。首先，外部动机可以转化为内部动机。对于低龄儿童来说，很多内部动机是从外部动机开始的。例如，父母要求孩子学习钢琴，刚开始的时候，孩子可能是为了服从父母的意志而学习钢琴，但随着时间的推移，获得奖励与避免惩罚的外部动机可以转化为对钢琴的喜爱与兴趣，前提是儿童能够对弹钢琴和音乐产生积极情感。外部动机转化为内部动机的现象可以称为机能自主化，人们有很多内部动机都是从外部动机发展而来的。另外，内部动机也有可能转化为外部动机。当人们的兴趣得到外部奖励时，内部动机与外部动机之间的界限会发生模糊，尤其是在人们偏好这种外部奖励的情况下，可能会变得对外部奖励更加关注。此时，外部奖励一旦消失，行为强度也会随之减弱，内部动机的激励与维持作用也会随之降低或者消失。

五、动机冲突

在同一段时间内，个体可以产生多种需要，也会存在多种动机。不同动机之间可以相互配合，共同发动并维持一种行为，并从行为结果中获得多重满足体验。例如，某人既想旅游，又想获得收入，此时如果他选择做导游工作的话，就能在一定程度上一举两得；再例如，有的大学新生既想在大学期间收获更多知识，同时还想自己赚取学费，这两种动机看似分歧较大，但可以统一在学习行为上，通过努力学习，他既可以收获知识，又有机会获得奖学金。由此可见，一种行为可以由多种动机引起，成为多种动机共同作用的结果。

不同动机之间可以相互配合，也可能会发生矛盾，当它们分别指向不同行为及目标，并且无法调和时，就会发生动机冲突。例如，在周末，人们经常是既想做家务，又想外出游玩。在同一时间内，这两种动机的指向几乎无法协调。此时，强度高的动机会取代强度低的动机，支配个体行为的基本方向。在多种动机相互冲突的条件下，能够主导行为的动机可以称为优势动机，而那些不能主导行为但有可能对优势动机造成干扰的动机，可以称为弱势动机。优势动机不会完全消除弱势动机，当优势动机获得满足后，有可能会转化为弱势动机，与此同时，弱势动机也有可能转化为优势动机。

人类的动机是复杂的。首先，在同一段时间内，如果出现两种（或两种以上）有吸引力的目标，会诱发两种（或两种以上）的趋向动机。如果这些目标之间不能调和的话，就会发生动机的双（多）趋冲突，表现为同一时间内既想做这件事，又想做那件事。其次，在同一段时间内，如果出现两个（或两个以上）让个体感到厌恶的目标，个体对每个目标都有逃避动机，但是又不得不选择其中一个，这时就会发生动机的双（多）避冲突。例如，某人违反了交通规则，交警给他两种选择，要么重新学习交通规则，要么接受罚款。这两种选择经常会给普通人造成动机上的双避冲突。再次，当一个目标既能带来很大收益，同时又存在相当大的威胁时，预期收益会诱发个体的趋向动机，潜在威胁则会引起个体的回避动机，此时便呈现出动机的趋避冲突。例如，有人非常喜欢吃巧克力食品，但又很担心高热量的食物会导致自己发胖，那么他对巧克力食品便有可能产生趋避冲突。最后，当个体注意到环境中存在两个（或两个以上）目标，并且他对每个目标同时具有趋避动机时，便会表现出动机的双（多）重趋避冲突。例如，有的应届毕业生在选择就业方向时，既想进入国企，因为国企工作稳定，但是又担心国企的管理制度限制了自己才能的发挥；又想进入外资企业，因为外资企业工资高，同时又担心外资企业的工作过于辛苦。此时，这些矛盾反映的就是动机的双重趋避冲突。

第二节　动 机 理 论

动机是如何产生的？回答这一问题不同的理论会做出差异化的回答。潜意识学说会一如既往地强调性本能的作用，而潜能学说则认为人们追求自我实现的潜能是主要动力，驱力学说是较早产生的解释动机形成的经典理论，自我效能理论认为自我效能感会影响到行为目标的设定与动机形成，而归因理论则可以解释归因、认知与行为预测、动机产生的关系。

一、潜意识学说

19世纪末20世纪初，弗洛伊德创立了精神分析理论。古典精神分析理论以性本能学说为基础，建立了理解与解释人类行为的潜意识理论框架。弗洛伊德认为：人的精神世界可以分为两个层面，一个是自身可以意识到的理智层面，即所谓的意识层面；另一个是人意识不到的潜意识层面。潜意识中充满了与生俱来的原始本能、欲望与冲动，这些潜意识成分是人类行为的真正动力。而在潜意识世界中，性本能是所有的原始本能、欲望和冲动中最为重要的一种，它被视为人类生命力的根源。在弗洛伊德看来，人类所有行为背后都有性本能的影响，或者说人类的行为是性本能变形或升华的结果。

由于过分强调性本能的动力作用，弗洛伊德的潜意识学说具有泛性主义倾向。古典精神分析理论特别重视以性本能为基础的潜意识作用。在弗洛伊德看来，潜意识作用如同地表下沸腾的岩浆，无时无刻不在寻找出路，急切地寻求表现。潜意识活动虽然经常不为人所察觉，但它时刻影响着人的社会行为。弗洛伊德使用压抑、转移、升华等重要概念来解释潜意识的变形，压抑是将意识不能接受的欲望、冲动、情感或记忆压制在潜意识之中，可以让人将所看到的事物加以歪曲，因此是许多变态行为的原因；潜意识的内容虽然受到压制，却总是寻求表现，它可能以变形的方式进入到意识世界中来，对于正常人来说，转移可能会表现为梦境和日常生活中的失误行为，如口误、笔误和遗忘等。因此说，这些看似偶然的行为背后，也有其深刻的动机存在。如果人能够将内在的本能指向社会所认可或赞许的目标，那么，就实现了所谓的升华，典型的升华包括艺术家的伟大创作，就连科学家的重大发明也是潜意识动机获得升华的结果。

简言之，在性本能理论看来，社会动机来自潜意识，尤其是性本能对社会动机的产生发挥着至关重要的作用。虽然个体可能意识不到潜意识激发动机的过程，但是，所有社会动机都是潜意识变形的结果。

二、潜能学说

20世纪五六十年代，人本主义心理学流派在美国开始兴起。该理论批判了精神分析流派通过精神疾病案例或神经症临床治疗实践来解释正常人心理的做法，也反对行为主义忽视人类内在本性的研究取向。人本主义心理学强调了人类的创造力、尊严、内在价值及自我实现的需要。人本主义心理学认为人有善良的本性，人生而具有趋向完美、追求自身充分发展的基本动机，只要环境和机遇适当，个体就会致力于自我发展，使身心各方面的潜能都能得以实现；该理论进而把人类自我实现的需要归结为潜能的发挥。

在人本主义心理学看来，人类的本性指向越来越完善的存在，所谓自我实现，是指一个人必须实现其潜能所能够达到的状态，即人要忠于自己的本性，而自我实现的需要是潜能和人格发展的驱动力。那些与自我实现趋向相一致的体验会令人感到满足，而与自我实现相矛盾的体验则令人感到不快。人的发展主要不是被教育和环境所塑造的，而是潜能现实化的结果。

马斯洛认为，人有许多类似本能的需要，并且这些类似本能的需要是天赋。人类能够在社会环境的影响下，出现逐层排列的需要，由低到高分别为：生存需要、安全需要、归属需要、尊重需要和自我实现的需要。越是低层次的需要表现越是强烈，它们是人与动物共享的需要；越是高层次的需要表现越弱，但是，也更能够体现出人类作为高级生物的需要特征。马斯洛依据需要层次假说构建了他关于人类动机的重要理论。罗杰斯指出：人天生就有一种基本的动机性的驱动力，可以称为实现倾向。实现倾向是一种独立的、基本的人类动因，是人类有机体的一个中心能源，控制着人类生命活动。儿童天生就有着发现问题、认识问题、解决问题的本能动机，对于家长和教师来说，最为重要的是构建一种真实的问题情境来引发儿童的动机。

人本主义心理学的潜能学说，将人类的社会动机归结为内在本性的驱动，而这种内在本性与潜意识学说中所强调的性本能完全不同。所以，从潜能学说来看人类的动机及其作用，经常会获得更加乐观与积极的看法。

三、驱力学说

美国学者沃尔特·坎农（Walter Cannon，1871—1945）率先在生理学研究中提出稳态的概念，他认为生命是脆弱的，却可以在严苛的外部环境中生活数十年之久，其原因在于生命能够保持机体内部环境的平衡，包括体温、血液、激素、营养等代谢过程都在平衡、失衡、调整、再平衡的循环过程中维系。自主神经系统是平衡调整的主要机构，它的活动是自动化过程。但是，这些无意识过程也可以置于中枢神经系统的控制之下，成为有意识的行为，就像生物反馈技术所训练的那样。

需要是有机体内部的不平衡状态。克拉克·赫尔（Clark Hull，1884—1952）认为：需要会导致驱力的产生，而驱力的刺激则会引起相应的行为，行为的结果则可以使需要得到满足。例如，当有机体的血液中缺乏必要的养分时，有机体便处于一种不平衡状态，或者说处于需要状态，需要会引起心理紧张，而这种紧张状态就是所谓的驱力。因此，驱力学说有时也被称为需要满足论。当有机体的需要得不到满足时，就会驱使有机体采取有意的行为去缓解紧张、降低驱力。驱力学说认为，降低驱力是行为发生的主要原因。

驱力迫使机体产生行为，但是，具体引起何种活动或反应，则会根据环境中的线索与现实对象来决定。只要驱力存在，外部的适当刺激就会引起有机体特定的反应。如果行为缓解了驱力的紧张状态，那么，刺激与行为之间的联结就会得到加强。由于多次加强的累积作用，习惯本身也能获得驱力。赫尔认为，动机的强度是先天的刺激-反应联结与后天获得的习惯共同决定的。赫尔在其动机理论中还提出了诱因概念。所谓诱因，是指事件发生的直接诱发原因，诱因与驱力都是形成动机的因素。存在于机体内部的动机因素是驱力，而存在于机体外部的动机因素是诱因。诱因按其性质可分为两类：一类是正诱因，即个体因趋向或取得它时能够得到满足；另一类是负诱因，当个体因逃离或躲避它时而得到满足。由此，赫尔指出：行为的基本动因是驱力。

四、自我效能理论

美国心理学家阿尔伯特·班杜拉（Albert Bandura，1925—　）提出的自我效能理论也可以解释行为的动机。自我效能理论是社会学习理论体系的重要组成部分之一，可以用来解释在特殊情境下动机产生的原因。自我效能是指个体对自己有效地控制生活诸方面能力的知觉或信心。班杜拉认为，形成或改变自我效能感的途径有三种：第一是个人生活中的直接成败经验。当经历了多次成功以后，一般会提升个体的自我效能，反之则会降低自我效能。第二是替代性经验。当观察到别人在某类问题上取得成功时，会增加处理此类问题的自我效能感。第三是社会环境的影响。周围环境对个体行为的强化会提升其自我效能感。例如，某人的行为总是伴随着成功或者来自他人的肯定、鼓励和支持，其自我效能感就会增强或提高；相反，当一个人的行为总是伴随着失败或来自他人的批评、指责和否定时，其自我效能感就会降低。个体对自我能力的知觉在很大程度上受其周围的人特别是重要他人对自己评价的影响。

自我效能感是个人对自己完成某方面工作能力的主观评估，这种自我评估的结果将直接影响到一个人的行为动机；与此同时，自我效能感不仅仅是个体对未来行为结果与状态的事先估计，它能够直接影响到个体执行活动时的心理动力功能，从而构成了人类行为的一种近端原因。自我效能理论一经提出，极大地丰富了心理学对人类行为及其动机的研究。

自我效能感集中表现了人类的自我调节能力。首先，设定目标是人类行为自我调节的主要机制之一，不同个体把何种成绩设定为行为目标，则受自我效能感的影响。目标的挑战性不仅可以激发个体的动机水平，而且还能决定个体对活动的投入程度，从而影响其活动的实际成就。其次，如果个体对自身活动效能感到自信，就会倾向于想象成功的活动场面，并体验到与活动有关的身体状态的微妙变化，从而有助于支持并改善活动的实际执行过程；自我效能感低的活动者，会更多想象活动失败的场景，担心自己的能力不足以应对任务，注意资源更多投注到有可能出现或已经出现的失误上，必然会对活动效果造成消极影响。再次，当行为完成后，自我效能感强者在归因时，倾向于把成绩归结为自己的能力或努力，而把失败归结为准备或努力不足。这种归因方式可以促进个体提高动机水平，进一步发展个人活动技能。最后，自我效能感还会影响到行为者对行为结果控制源的不同期待。所谓控制源，是被个体认为是能够控制行为结果的事物。对控制源的不同看法会影响实际活动中的动力心理过程。

自我效能感在行为知觉过程中发挥着重要的作用，同时也能参与到行为动因之中。班杜拉认为：观察到的行为不一定会表现出来，只有具有动机过程的观察学习才会有所表现。常见的动机过程包括直接强化、替代性强化和自我强化。自我效能感会影响到个体在活动中的努力程度，当活动面临困难、挫折甚至遭遇失败时，其对活动具有调节和维持作用，特别是那些富有挑战性或者带有创新性质的活动，自我效能感所带来的持久力和耐力是获得较高活动绩效的必要条件。

五、归因理论

弗里茨·海德（Fritz Heider，1896—1988）所开创的归因理论，探索了在日常生活中人们如何通过事件结果分析其背后原因。海德认为，人有两种强烈的动机：一种是理解周围环境的需要；另一种是控制周围环境的需要。而要满足这两种需要，人们需要预测他人在未来将如何行动。因此，海德指出，每个人都有试图解释和预测他人行为的动机。海德提出，事件背后的原因主要有两种：一是来自行为者的内因，如行为者的能力、人格和情绪等；二是来自环境的外因，如任务难度、工作情境和外界压力等。因为一旦做出内归因，就可以预测他人其后的行为，所以，人们在解释他人行为时，具有对他人行为进行内归因的动机。

20 世纪 70 年代，伯纳德·韦纳（Bernard Weiner，1935—　）在海德归因

理论的基础上，提出了动机归因理论。韦纳从微观角度探讨了个体的归因过程是如何决定或影响其行为的。按照他的理论，伴随着特定的行为结果，个体会有意无意地寻找它产生的原因，这种归因又通过影响期望和情绪情感而影响人们的行为动机。韦纳认为，个体对先前活动结果的原因稳定性知觉会影响其行为动机，其影响途径有两条：一是通过影响个体对随后活动结果的预期，进而影响他从事进一步活动的动机。例如，一个人在某项活动中遇到挫折之后，他若将失败归因于自己在该项活动上的能力不足，或者该项活动的难度过大，则会预期在此后的类似活动上还将失败，这种预期能削弱或终止他继续从事该活动的动机。二是通过影响情绪情感而作用于人的活动动机。如果一个人在某项活动中遇到挫折之后，将其归因于自己在该项活动上的能力不足或该项活动难度过大，则他将会产生焦虑、恐惧等情感反应，这些情绪将削弱或终止他继续从事该活动的动机。

总之，归因通过作用于个体期望和情绪情感，进而影响到社会动机，其规律可概括如下：第一，失败被归因于稳定的、内部的、不可控制的原因，将会弱化相关活动的后继动机；相反，如果失败被归因于不稳定的、外部的、可控制的原因，则不会弱化甚至还会强化进一步活动的动机。第二，成功被归因于稳定的、内部的、可控制的原因，将会强化进一步活动的动机；而成功被归因于不稳定的、外部的、不可控制的原因，则无助于甚至还会弱化进一步活动的动机。

认知失调理论是由著名社会心理学家费斯汀格提出的。该理论认为：个体有大量关于自我、他人与环境的认知，这些认知要素之间彼此存在联系，它们之间通常是协调一致的。然而有时候，相互联系的认知要素之间也可能会出现矛盾，或者个体所持信念与行为之间发生矛盾，此时，个体就会体验到认知失调所带来的紧张感，为了消除这种由于认知失调而造成紧张的不适感，个体倾向于采取特定的行为来消除认知失调。例如，某人认为自己非常擅长考试（对自己能力的认知或信念），但是，他却在一次精心准备的重要考试中表现非常糟糕。这一事实会让他对自身的应试能力产生怀疑，因为相关行为及其结果与原有信念相互矛盾，这种冲突会让他感到心理紧张，对他而言，考试能力越重要，其心理紧张的程度就越深。为了缓解紧张，他就需要采取某些行为来消除认知失调。认知失调理论可以用于解释人类个体的内在动机，也被广泛地应用于理解人类的态度改变现象。当一个人面对的认知冲突或信念与行为矛盾越严重时，他就越会感到认知不协调，由此而产生改变行为的动机也就越强。

第三节　常见社会动机[3]

在每一种社会行为背后，都有一种或几种社会动机的存在。其中某些社会动机经常在人类身上发挥作用，这类常见社会动机，驱动了人类成员的诸多社会行为，即使其行为表现纷繁复杂，背后的动力特点也有相对一致的规律。

一、成就动机

所谓成就动机，是指推动个体去完成自己所认为重要的、有价值的工作，并且设法使之达到某种理想状态的内在驱力。成就动机是人们在各种情境下，追求广义的成就与成功的动机。狭义上的追求成就与成功往往指向结果，而成就动机指向对行为过程的追求与完美要求，它是一种强调过程重于强调结果的驱动力。成就动机是一种基本的社会动机，它在每一个人身上都有或多或少的表现，当人们认为某件事情非常重要或者很有价值时，往往更能唤醒其成就动机，成就动机所驱动的行为更加谨慎、更加细致，也更加兴趣盎然，通常也能带来更加完美的行为结果。

（一）成就动机的作用

亨利·默里（Henry Murray，1893—1988）最早对成就需要进行了探讨，他认为人类有包括成就需要在内的多种独立需要。默里将成就需求定义为：个体为了完成困难的工作并且尽快做好，或者为了克服障碍并且达到较高标准，为了超越自己并且胜过别人，为了使个人才能获得增益，进而增进自我尊重的一种欲望。简言之，默里认为，成就需求是个体想要尽快并且尽可能地将事情做好的心理倾向。戴维·麦克利兰德（David McClelland，1917—1998）在前人研究的基础上，对成就动机进行了卓有成效的研究，他系统地探索了成就动机的重要价值，发现成就动机不仅有助于个体发展、帮助个体取得更高的成就水平，而且有助于促进整个国家与社会的经济增长。

就个体发展而言，具有较高成就动机的个体勇于进取，愿意为成功做出更多的准备。麦克利兰德做了一项追踪研究来支持这一观点，他选择一些曾经在大学期间做过人格测验的毕业生，考察他们在毕业几年以后的职业发展与成就情况。结果发现：那些在人格测验中被认为是具有强烈成就动机的人，在大学毕业以后基本都进入了商界。麦克利兰德认为，具有强烈成就动机的人与积极进取的企业家最为相似，许多具有强烈成就动机的人都希望能够成为一名企业家。从理论上讲，他们愿意甚至急于从事那些有助于经济增长和技术发展的活动，除了具有合理的冒险性以外，还因为企业家往往扮演着革新者的角色：他为自己的决策承担责任，他了解自己行为的后果，并且为自己和所领导的企业预测未来。所有这一切，对具有强烈成就欲望的人而言，都是极大的诱因。

成就动机不仅有助于个体发展，一个国家或社会的整体成就动机氛围高低还会对其经济发展速度与水平产生影响。麦克利兰德对此进行了跨文化比较研究，采用档案法对几十个国家和地区的成就动机氛围与经济增长之间的关系进行了探索，以每个国家的文学作品、儿童读物、教科书中所包含的成就主题作为评估成就动机氛围的指标，以人均国民收入、人均发电量等指数作为测定经济发展状况的指标。研究结果发现：国家或社会的整体成就动机氛围与其若干年以后的经济发展呈显著正相关。换言之，如果一个社会或地区的整体成就动机水平较高，那么，该社会与地区的经济发展成就会更高。德国社会学家马克斯·韦伯（Maximilian Weber，1864—1920）曾经在《新教伦理与资本主义精神》中指出，新教改革促成了个人主义与自我拯救的理念，增强了个人的独立性与责任感，更容易塑造企业家精神，所以催生了资本主义的发展。麦克利兰德则借助实证研究，揭示了新教教义是如何影响个人的成就动机，进而促进经济发展的。

（二）成就动机的培养

既然成就动机如此重要，那么，是否可以通过特定的手段来培养儿童的成就动机呢？作为一种习得性社会动机，成就动机完全可以通过家庭教育与社会教育来培养和发展。

首先，在家庭对儿童的早期教育方面，家长对儿童自律训练的严格程度直接影响到儿童的成就动机水平。家长对儿童的自律训练越严格，儿童其后的成就动机就越强。自律是其成就动机的基础，对于低龄儿童，家长应尽量让他们自己吃饭、穿衣，稍大一点的儿童应该尽早做到自己穿戴整洁、早晚自己刷牙、袜子自己洗、床铺衣柜自己整理等，这些自律训练内容对于儿童逐渐提升成就动机都非常有帮助。

另外还有研究发现：如果家长对儿童进行民主式管理，对儿童的行为具有指导性和劝导性，而不是过度约束与限制，那么，这种民主式管理能促进儿童成就动机的更好发展。相反，如果家长在儿童教育方面持有权威主义倾向，其培养的儿童可能具有较低的成就动机，这类家长对儿童的独立性要求较晚，并且在相当长的时间里给予儿童较多的限制。

其次，一个社会的文化环境与成就氛围，对提升个体成就动机具有深远的影响。麦克利兰德假定：在一个社会上流行的儿童读物，如教科书、连环画、儿童杂志等，所涵盖的主题可以反映出这个社会的主导价值理念和社会动机。因此，通过对儿童读物的成就主题做内容分析，可以借此指标来测定一个社会或国家的整体成就动机水平。他测量并评估了 30 个国家儿童读物中故事内容所表现出来的成就动机强度，然后计算其与 20 年后国家经济发展水平的相关性，得出结论认为：如果社会具有较高的成就动机的氛围，将有助于儿童提高其成就动机水平，并促进未来的经济发展。

（三）期望-价值理论[1]

约翰·阿特金森（John Atkinson，1923—2003）参与了麦克利兰德关于成就动机的研究，后来他在此基础上进一步提出了期望-价值理论。期待-价值理论认为，个体在成长与发展过程中，会逐渐获得两种与成就相关的动机：追求成功的动机和避免失败的动机。当一个人面临成就性任务时，这两种动机会同时影响他的行为，既会驱动他追求成功，又会让他考虑如何避免失败。

追求成功的倾向（Ts）受三个因素的制约：一是对成功的欲望（Ms），反映的是个体对于取得成功的稳定兴趣，这种倾向可理解为一种人格特质，因此可以使用主题统觉测验来测量其强度。二是对能否获得成功概率的主观估计（Ps），与个体自身经验、对他人所经历事件的观察和竞争状态估计等因素的影响有关。作为对概率的主观估计，其最大值为 1，代表个体确信必然会成功；最小值为 0，代表个体认为根本没有成功的可能性。三是成功的诱惑力（Is），作为另一种主观感受因素，其反映了目标对于个体的吸引力大小。由此，可以将追求成功的倾向用公式表示为：$Ts = Ms \times Ps \times Is$。该公式表明：当个体在面对一个成就目标时，其追求成功的倾向与内在的成功欲望、成就目标的吸引力、对成功概率的主观估计三者的乘积成正比例关系。

与此同时，避免失败的倾向（Taf）也是由三个因素决定的，其数量关系可以用如下公式表示为：$Taf = Maf \times Pf \times If$。其中，Maf 指的是避免失败的动机强度，同 Ms 一样，Maf 也可以视为个体稳定持久的人格特质；Pf 是个体主观估计的行动失败概率，受过去相似任务的完成经验、对他人做同类工作情况的了解，以及对竞争状态估计的影响；If 指的是失败的诱因价值，也是行为者的一种主观判断。

阿特金森认为，个人总体成就动机倾向（Ta）是追求成功的倾向和避免失败的倾向的合力，即 $Ta = Ts - Taf$。后来，阿特金森接受其他心理学家的看法，同意成就动机还可分为内部动机和外部动机。除了考虑到内在动机对成就活动的影响，也考虑到诸如名誉、地位、权利、金钱等外在社会性因素对成就活动的影响，将外部动机（TE）也引入到他的动机理论模型中。这样，个体追求成就的行为倾向就可以表示为：$Ta = Ts - Taf + TE$。

二、权力动机

狭义的权力动机是指对组织中的权力与地位的追求，而广义的权力动机是指对生活中的支配力与影响力的欲望。权力动机较强的个体，喜欢发号施令和影响别人，与此同时，他们可能不愿意受到他人控制。强烈的权力动机，也有可能会驱动个体追求更高的成就，让个体把自己认为重要的事情做好。然而与成就动机不同的是，其把事情做好的背后动力是希望自身所获得的成就与所掌握的权力相符，即为其行使权力与支配力提供正当性与合理性。

组织中的管理权力可以分为两种类型，一种是个人化权力，另一种是社会化权力。个人化权力关注个人需求，社会化权力关注组织需求。追求个人化权力的个体，更多的是围绕自身需要来行使权力，其在工作中往往不愿意接受组织或他人的约束，他们在行使权力时，倾向于亲自进行，更多从被支配者的及时反馈中获得满足感；而社会化权力要求管理者自觉接受组织的各种约束，行使社会化权力的个体主要帮助群体确定共同目标，并提供必要的支持以实现组织目标。在行使社会化权力时，每个成员都能认识到自己的重要性。个人化权力与社会化权力可以视为权力的两个方面，个人化权力常将支配者与被支配者置于竞争关系之中，而社会化权力则将支配者与被支配者置于合作关系之中。[2]

1972 年，戴维·温特（David Winte）在《权力动机》一书中提出：个体具备两种权力动机，一种是积极的权力动机，其特征是"求更多"，表现为渴望谋求更多的领导权力或组织中的领导职位；另一种是消极的权力动机，其主要特征是"怕失去"，表现出为自己的声望、地位和影响力而担忧。消极的权力动机可能使人通过消极的方式（如酗酒、斗殴等）来体现其权力需要。例如，有些丈夫看到妻子的事业发展逐渐超过自己时，其积极的权力动机可能会使他在事业上更加努力，以便巩固自己在家庭中的主导地位；而消极的权力动机则会使其担心失去对家庭的控制，有甚者可能会通过酗酒、家庭暴力等方式来体现其消极的控制感。[3]

约瑟夫·维洛夫（Joseph Veroff）对权力动机的研究具有重要贡献，他与合作者设计了"唤醒"实验，来探索权力动机的特征及其对个体的影响。所谓唤醒，是指通过相应方法唤起实验被试的权力动机。例如，要求被试为"下属"分配工作任务并执行检查时，被试通常会处于权力动机的唤醒状态。当唤醒了实验被试的权力动机以后，要求他们讲述自己的心理状态与活动，然后实验主试把实验组的反应与对照组做比较，由此得出权力动机对个体行为等方面的影响。

维洛夫使用主题统觉法对两组大学生进行比较研究，其中实验组由竞选学生管理职位的 34 名大学生候选人组成，对照组则由 34 名正在学习心理学课程的本科生组成。实验主试分别向他们展示了人站在不同背景下的 5 张图片，然后要求他们根据每一张图片所展示的模糊内容写下他们想象的故事。维洛夫建构了一套记分方式，据此可以对每个想象故事中所体现出来的权力动机强度进行测量。因为实验组被试正在等待竞选结果，他们被认为正处于权力动机的激活状态，对照组的被试没有类似经历，所以被认为是权力动机处于未激活状态。通过对比权力动机得分后发现：65％的实验组被试得到高分，相比之下，对照组被试约有 1/4 的被试得到了高分。由此可见，希望获得管理职位的个体，其权力动机也更加强烈，更希望获得权力，对于支配与控制问题更加敏感和关心。

人类为什么普遍地存在广义的权力动机呢？一般认为，对控制的需要和对无能的恐惧是最重要的两个原因。能够控制周围的环境，意味着将会获得更多的生存优势或资源。因此，人们天生具有追求更多控制感的需求，新生儿会通过仅有的本能来控制父母，父母与孩子在控制与反控制中互相依恋并不断冲突，恋人之间都希望能够改变对方，让另一半与自己更加协调。凡此种种，都是人类渴望控制并表现其权力动机的现象。此外，对无能的恐惧也让人们追求更多的权力，人人都经历过无能的状态，我们曾经一度（婴幼儿期）生活完全不能自理，必须依赖他人才能存活，这些状态让人具有深深的自卑感，自卑让人追求补偿，导致对权力的追求，过度自卑则有可能促使人追求极端的权力，这也许可以解释，为什么在中国古代太监一旦得势，其专权程度比大臣更甚。

三、亲和动机

亲和动机也可以称为合群动机，是指个体害怕孤独，希望和周围人建立协作与友好联系的一种内心需求。每个人都会表现出或强或弱的合群动机，并且需要与其他人保持一定程度的接触与交往。即使是内向者，也需要适度地联系他人。那些长期处于孤立或隔绝状态的人，会因为无法满足与人交往的需要，而经历许多难以承受的精神痛苦和不安心境，这一点通过分析那些长期单独关押的囚徒或一直处于隔绝状态的修道士们所留下来的日记内容可以得到支持。

美国心理学家斯坦利·沙赫特（Stanley Schachter，1922—1997）在实验室环境下对人的亲和动机进行了有意义的研究。他假设：经历过不安的人，会具有更加强烈的合群动机。为了验证这一假说，他设计了如下实验：招募被试单独来实验室，告诉他们过一会儿将要进行有关"电流刺激对人体影响的实验"。随机选择一半的被试，告知他们电流刺激将令人非常难受，被试会感到非常痛苦；对于另外一半被试，则对他们说电流刺激非常轻微，只会感觉到有些发痒或者震颤。当告知被试电流刺激非常强烈时，会启动他们高度不安的心理状态，而后一种情况只会启动被试低度的不安心理。启动被试不同程度的不安心理之后，实验主试问每位被试："现在距离实验还有 10 分钟时间，你想如何度过这段时间：是希望和其他被试一起等在大房间里，还是希望自己一个人在小房间里等？"结果表明，高度不安的被试更希望和其他被试一起等，而低度不安的被试对于在哪里等待实验开始更多地感到无所谓。

当个体感到不安和惊慌失措时，他会倾向于与他人在一起，或者参加到群体之中。因此，恐惧情绪会促进亲和动机。但是，为什么在高度不安的条件下，个体会产生更加强烈的亲和动机呢？两个方面的解释可以回答这个问题：首先，通过亲和与合群，个体可以减少不安和恐惧，人们在群体中更容易对抗由于恐惧而导致的不安；其次，当个体对周围的情况感到迷茫困扰时，因为缺乏客观的标准来判断自己的反应是否适应当前状况，就会希望与他人反应进行比较，以评估自身行为或反应是否适宜。与他人作比较，也是亲和动机与行为产生的可能原因之一。

刚刚参战的士兵，在战场上会表现出很强的亲和动机，他们对即将遭遇的战斗场面与战争过程没有经验，再加上对即将发生的事情感到紧张与恐惧，所以，新兵常常会聚拢在一起，希望能够相互接触到其他人的身体，此时士兵们所表现出来的亲和动机非常强烈；而具有丰富战斗经验的老兵则不然，他们具有更加丰富的经验，亲和动机会有所下降，他们更愿意保持相对独立性。亲和动机实质上是对人际联系的需求，亲和动机强的个体，希望缩短与他人的距离，加强人与人之间的相互支持与帮助。

第四节 动机受挫[1]

并非所有的需要都能满足，也并非所有的动机都能实现其目标。当个体在追求某一目标过程中遭遇障碍与干扰，导致其动机不能实现时，就会产生受挫的情绪体验。挫折既可以指阻碍个体达到目标的客观情境，也可以指个体动机受阻时所产生的主观紧张状态。

一、受挫的原因

造成动机受挫的原因，既有可能来自客观方面，也有可能来自主观方面。一般说来，导致动机受挫的原因大致有三类：第一类情况是由于外在条件的限制与阻碍。外在条件是独立于个体自身的，既可以是自然条件，又可以是社会条件，它们的存在通常不是动机者所能选择的，一旦客观条件不具备或者不配合，个体的努力就会付诸东流，以致动机无法实现。第二类情况是由于动机所指向的目标过高，当个体的期望值过高时，无论他如何努力都有可能无法实现目标。第三类情况是由于行动者心理承受能力差造成的，在现实生活中，行为难免会面临各种困难与障碍，如果个体具有较强的抗挫折能力，就能在困难和阻碍中保持平常心和冷静的态度，其情绪也不会因此受到较大的影响。反之，如果个体缺乏抗挫折能力或者对困难的承受能力，即便只受到轻微的挫折，也可能会导致情绪低落，这类个体受挫的可能性会远远高于前者。

二、动机受挫后的反应

个体在遭遇挫折之后，有可能会产生各种反应，其中既有情绪反应也有行为反应。情绪是个体对自身与外界之间关系状态的体验与反应，受挫后的情绪体验很有可能会表现在个体行为上。动机受挫所引发的反应较为复杂，既有可能对其后的行为具有积极影响，也有可能对其后的行为产生消极影响。

20世纪20年代，心理学家布尔玛·蔡加尼克（Bluma Zeigarnik，1901—

1988) 在一项实验中发现，在与记忆有关的实验中，动机受挫可以增加被试回忆信息的量。该实验将参与者分为甲乙两组，要求他们计算相同的数学题，其中甲组顺利完成演算，而乙组则在计算过程中途被叫停。过一段时间以后，实验主试要求两组被试回忆实验中需要计算的题目，未完成演算的乙组对实验中测试题目的回忆程度明显优于已经完成了测试的甲组。蔡加尼克的实验表明，在受到干扰以后，人们的记忆效果反而会更好。当然，受挫所带来的影响不全是积极的，更多时候受挫会给人们的行为造成消极的效果，受挫者常会表现出补偿（compensation）、压抑（repression）和退化（regression）等行为。

（一）补偿

人总是在追求成功后的高峰体验，所以，小挫折可能会使个体表现出更努力的行为。然而当个体在某一领域或活动中连续失利而遭遇挫折时，他则很有可能会改变行动的方向，选择其他更有可能获得成功的活动来代替先前受挫的行为，从而弥补由于失败所造成的内心不平衡感，这就是所谓的补偿。

例如，有的人自认为体貌特征一般，因此可能在学习与工作上更加努力，以获得超出常人的学业成绩或工作业绩，以此让自己获得满足感；有的人在音乐方面天赋缺失，因而在体育运动上下更多工夫，借此证明自己在其他方面能做得很好。这些都是较为常见同时也是有效的补偿方式。值得一提的是，补偿行为不只限于自身，有时可以延伸到亲人或其他人身上，有些人小时候家里条件不好，未能接受良好的教育，他们便会希望自己的孩子能够补偿自己的缺憾，甚至有的人在具备条件以后，还能赞助失学的孩子，实现更高层次的补偿。

（二）压抑

受挫体验通常是不愉快的，如果受挫者时常回忆此类事件，可能会长期生活在痛苦之中。所以，在受到挫折以后，受挫者通常会把由相关经历而形成的不快、痛苦、焦虑和烦闷等情绪排除在记忆之外，从而降低上述体验和情绪的不良影响。压抑反应往往是无意识的，是个体在无意识情况下做出的自动化反应，如果个体意识到自己刻意抑制了某些痛苦的体验，那么，很有可能会由此而引发更多焦虑和受挫感。

弗洛伊德认为，个体存在这样一种认知检查机制，其总是"想"把引起不快体验的内容压抑在潜意识之中，但是，潜意识中的内容并没有真正消失，只要遇有适当时机，被压抑的记忆与行为就会在意识中有所表现。而且，不愉快的体验积压过多而又难以获得宣泄的话，就会形成心理疾病。

（三）退化

个体在遭受多次强大的挫折之后，有可能会表现出一种孩子化的行为方式，这种行为方式与其实际年龄相比要幼稚得多。这种具有病态性质的发展倒退现象可以称为退化。弗洛伊德对退化现象的研究堪称经典，其他学者也发现受挫与退化之间具有密切的联系。

除了补偿、压抑和退化反应之外，人类还有很多自我防卫反应可以应对挫折。自我防卫反应的共同特征是能够减轻受挫所带来的精神压力，保持心理相对平衡，使自己能够适应痛苦的经历，不至于惊慌失措或万念俱灰。但是，应该看到受挫所导致的各种自我防卫反应多数带有心理安慰与自我麻痹的性质，其核心是消极逃避现实，而不是正视困难或积极解决问题。有些防卫方式，如攻击、冷漠、固执等，不仅不能帮助个体消除焦虑或减轻压力，相反，还有可能会对自身造成更大困扰。因此，受挫后的各种防御反应对个体心理健康的消极作用也非常明显。

参考文献

［1］全国 13 所高等院校《社会心理学》编写组．社会心理学［M］．天津：南开大学出版社，2003：105-128．

［2］黄希庭．心理学导论［M］．2 版．北京：人民教育出版社，2007：156．

［3］中国就业培训技术指导中心，中国心理卫生协会．心理咨询师［M］．北京：民族出版社，2012：138-146．

第三章 社会认知

不同人用相同的方式感知到有差异的世界。

——佚名

人对社会的参与，是从人对社会的认识开始的。知觉是指人对直接作用于感觉器官的客观事物整体属性的反映与认识。1947 年，杰罗姆·布鲁纳（Jerome Seymour Bruner，1915—　）提出：知觉不仅是对被知觉的客体属性的反映，同时也会受到认识主体的社会性影响，如知觉主体的态度、情绪、价值观等。此后，社会知觉开始被一些研究者用于指代人对自己、他人及群体等社会性客体的认识活动。

但是，随着相关研究的发展，研究者们发现：社会知觉的概念与普通心理学对知觉的定义是冲突的，知觉虽然具有整体性和综合性，却算不上高级思维活动，它还是具有直接反映的特点。而典型的社会知觉过程，包括认识主体收集社会性客体的外部信息，通过对相关信息进行加工与处理，分析并判断该客体内部属性的心理活动，因而是间接反映的高级思维活动。所以，有研究者建议使用社会认知的概念代替社会知觉的概念。

时至今日，社会认知研究基本上具有两个共同特征：第一，以个体对社会性客体的认知活动作为研究对象；第二，承认认知者的社会属性会影响到社会认知过程与结果。本书将社会认知定义为：认知者收集并加工社会性客体的信息，由此分析、推断其内部属性的认知活动。社会认知，是人类社会心理中最为基础的一种认知活动。每个人每天都会发生大量的社会认知活动，其中有一部分是我们能够意识到的，还有一部分是我们意识不到、在潜意识中进行的。社会认知触发了其他类型的社会心理活动，引导了人的社会行为。因此可以说，社会认知是人类社会心理活动的基础。

第一节　社会认知的主要指向

人类的社会认知指向社会性客体，其与人类对自然客体的认识具有重要差别。在社会性客体中，人（可以包括自我，参见第一章关于自我的论述）、人际关系、群体、行为都是基本的认知对象。人类所建构的社会性环境非常丰富，以上列举的只是其中重要的组成部分，而非全部。例如，对空间环境的社会意义的认知，也是广义社会认知的一部分，但是，社会心理学更为强调的是人为环境，环境心理学则更多关注空间环境。

一、对他人仪表的社会认知

他人，是社会认知的最重要对象之一，对他人的社会认知，主要包括外部特征与内在性格两个方面。他人的外部特征只要通过正常的社交接触，较容易获得，外部特征既是认知内在性格的重要依据，也可以通过光环效应或第一印象而影响到后继性格认知。

仪表通常指人的整体外观，包含眼神、面部表情、高矮、相貌、肤色、衣着、肢体动作、语音与语调等，都是他人外部特征的重要部分。在对仪表的社会认知过程中，认知者会将其各种物理特征加以综合，形成一种整体的印象，通常还会赋予其特定的情感，而这种情感能够直接影响认知者对其后续行为的倾向。现代社会通常非常强调仪表的重要性，文明社会将之作为修养的标志之一，欠发达社会中的人也同样重视仪表信息。

这种对于仪表的重视，恰恰说明了仪表对于社会认知的重要作用。认知者在知觉他人仪表时，不会将仪表特征作为单纯的物理现象，而是会分析仪表背后的内在意义，即仪表所能反映的被认知者的个性特征。认知者会根据仪表来判断被认知者的个性，无论这种判断是否准确，认知者总是会据此进行有关被认知者个性的推论。例如，当某人仪表整洁时，我们可能会认为这个人爱干净、勤快，甚至认为他在道德方面是自律的。

眼神，是仪表中最为重要的社会认知对象之一。孟子认为：一个人的内在特征都能表现在眼神上，眼睛最能反映出人的内在本质。那些内心光明磊落的人，眼睛会有神采；那些心里想着做坏事的人，眼神就会躲躲闪闪。因此，当一个人在说话时，注意其眼神，其真实想法就无法隐藏了。①孟子的这段论述，很生动地反映了一位善于观察的智者，是如何通过辨别眼神变化，来认知其他人内在本质的。眼神可以反映人的内心真实想法，而人们在日常生活中，也很重视对他人眼神信息的收集，并通过眼神的变化来判断其内在状态。

面部表情，是由面部表情肌的活动而形成的。婴儿对人类面孔的兴趣具有先天倾向性，正常人在识别他人表情时也具有很强的敏感性，可以精确辨别出他人表情所反映的内在情绪，甚至可以分辨他人表情的真伪，即推断出哪些表情是伪装的。面部表情，作为对他人社会认知的组成部分，其重要性在于可以鉴别当事人的内在情绪状态，而这一从表情到情绪的认知过程是自动化进行的，正常情况

① 《孟子·离娄上》："存乎人者，莫良于眸子。眸子不能掩其恶。胸中正，则眸子瞭焉；胸中不正，则眸子眊焉。听其言也，观其眸子，人焉廋哉。"

下，人们可以在无意识的状态下，快速而准确地识别出他人表情的情绪意义，并据此选择互动行为方式。

此外，一个人的胖瘦、高矮、相貌、肤色、衣着、肢体动作、语音语调等，也都可以作为社会认知的对象。胖瘦，在不同文化中往往被赋予截然不同的社会认知意义。高矮，不但具有文化意义，而且还具有进化意义，进化心理学研究表明，女性在择偶时对男性的身高信息非常关注。相貌，通常是人与人互动中最先被接收的认知信息，由此所形成的第一印象，会影响到对后继社会认知信息的解读。肤色与衣着的意义，在对他人外部特征的社会认知中，较多受到文化因素的影响。例如，欧美国家的白人通常认为由日晒而形成的小麦色，是一个人健康素质乃至财富的标志，过于苍白的肤色则与不健康的行为方式相关联；相反，在中国人看来，亮白的肤色不仅是美的，而且与追求美的行为相关。肢体动作可以称作身体表情，语音语调可以称为语言表情。处于人际互动中的认知者，可以通过他人的身体表情，来分辨其态度取向。语言表情与语言内容的社会认知相互配合，才能达到所谓"听话听音"的效果。

对他人外部特征的社会认知，主要有两种功能：一是达到模式识别的效果，即在必要时可以回忆，或者在下次遇到时能够再认；二是分析、推理出其内在的人格特征。通过前述内容不难发现，当人们在认知他人外部特点时，总是会推理其背后的性格意义，也就是说，不同的仪表能够反映出不同的内在个性特征。

二、对他人性格的社会认知

在对他人的社会认知中，更为重要的对象是其内在性格特征。社会认知也并非无差别地关注他人所有的性格特征，其核心目标是服务于认知主体的社会交往与社会参与，当认知者能够判断周围人稳定的个性特征之后，其社会行为才有更为稳妥的依据。所以，在对他人性格特征进行社会认知的过程中，人们更为关注的是那些与交往收益有关的性格特点，如诚信、慷慨、热情、友好、正直、善良等。有些行为可以直接反映出诚信、慷慨、热情、友好等个性，然而，有些个性特征则不容易表现出来，如正直和善良等。

在对他人性格进行社会认知时，隐含人格理论经常会发挥重要作用。人们都有过类似经历：当认识某人不长时间以后，就会对其个性做出较为全面的推断。在短暂的相识中，也许他人只是有一些热情的行为表现，人们因此就认为他具有热情的个性，因为热情自然也是友好和慷慨的，甚至还会认为他是正直、善良的。人在社会认知过程中，常常会对他人的性格做出如是推理。暂且不论这种推理是否准确，其推理过程却要借助于隐含人格理论。

所谓隐含人格理论，是指普通人对于各种人格特征如何组合在一起的系列假设。可见，隐含人格理论并非"科学理论"，而是一种"常识理论"，是在人们的经验系统中，关于各种人格特征如何构成完整个性的潜在看法。隐含人格理论的形成，需要社会认知经验的不断积累作为基础。一旦形成之后，在有限信息的背景下，人们就会借助它，来推断他人未知的性格特点，因为隐含人格理论通常告诉我们：同一类型的性格特点，会出现在同一个人身上，而不同类型的性格特点，则很难出现在同一个人身上。例如，热情、友好、善良都是积极类型的性格特点，它们可以组合在一个人的人格系统中；相反，恶毒则是消极的性格特点，它无法与热情、友好组合在同一个人的人格系统中。

三、对行为的社会认知

对行为的社会认知，目标在于分析其背后的原因。了解行为及其原因，有助于个体对他人、对自身的后继行动做出预测。每当人们从媒体中看到一条新奇的新闻时，可能不免会想：他（她）为什么会这样做？还有哪些人有可能会这样做？此类行为的归因，不仅是一种认知活动，也是人希望能够预测和控制生活的天赋需要的外在表现。当认知者的归因看起来合理，并且能够经受其他事实的检验时，其会对生活环境产生控制感和安全感；相反，当认知者不能合理归因时，其会感受到焦虑。对行为进行归因的内在需要，会一直推动相关社会认知活动的进行。

四、对人际关系的社会认知

各种人际关系，也是社会认知的基本对象，如认知者与他人的关系、他人与他人之间的关系等。对他人的社会认知，一般暗含了对他人的交往倾向。当认知者确信某人具备值得交往的品质时，他会倾向于亲近此人；当认知者判断某人具有不值得交往的品质时，如不诚信，他则倾向于疏远此人。可见，对他人的社会认知服务于人际交往的目标。对各种人际关系进行社会认知，可以帮助人们分辨自己与他人的关系状态如何，以及是否满足自身的交往倾向；通过分辨他人之间的关系状态，也可以获得关于他人性格特征的信息。

五、对群体的社会认知

群体也是社会认知的基本对象之一。人们对他人的社会认知结果是印象，对群体的社会认知结果则是群体印象，群体印象决定了个体对群体的行动取向。个人的生活需要融入群体，对群体进行社会认知有助于个体做出如下分析与判断：这是个什么样的群体？该群体成员的总体特点是什么？这个群体的特性与个体自身情况或要求是否相匹配？融入到这个群体以后对个体有哪些收益或者弊端？自己在该群体中处于什么样的位置？等等。

综上所述，指向社会客体的社会认知活动，与人的日常行动（尤其是社会交往行为）息息相关。社会认知是人类其他社会心理的基础，它为认知者指向特定认知客体的后继行为提供了基本的定向：趋近还是疏远。一些时候，社会认知是有意识开展的，另外一些时候，社会认知则是在潜意识中自动开展的，关于这两种不同类型的社会认知行为，将在下一节的控制性信息加工与自动化信息加工中加以论述。

第二节 社会认知的信息加工

社会认知过程是以认知者对相关信息的加工为基础的：认知者主要通过视听等通道，收集关于认知客体的外在信息，然后根据自身的经验对这些信息进行加工与处理，并推理出认知客体的内在属性。由此可见，社会认知过程是以认知主体收集、处理、存贮和提取有关信息为基础的。在社会认知的信息加工过程中，认知主体按照何种规则对客体信息进行加工与处理，是非常重要的问题。围绕这一核心问题，研究者们开展了三个方面的探索：一是探索认知主体加工客体信息的基本倾向，这类研究形成了对社会认知者的基本假设；二是区分认知主体加工客体信息时的策略选择，这类研究形成了控制性信息加工与自动化信息加工的理论；三是关于认知者原有经验对社会认知过程与结果的影响，这类研究形成了关于社会认知的图式理论。

一、关于认知者的基本假设

人在社会认知中，其基本认知倾向如何？换言之，人在进行社会认知的时候，是以何种方式来加工处理相关信息的呢？在 20 世纪 70 年代以前，社会认知研究的主流观点认为，人在社会认知过程中是"朴素的科学家"，在开展社会认知时，人们就像科学家一样，认真地收集相关信息，并对信息去伪存真，然后根据可靠的信息内容，做出尽可能准确的推论。哈罗德·凯利（Harold Kelley，1921—2003）三维归因理论最明显地体现了这种"朴素科学家假设"：虽然绝大多数人没有接受过科学训练，但是，人们在社会认知过程中，还是能够按照理性的要求，遵循朴素的科学研究规则来开展社会认知活动的。

"朴素科学家假设"提出后，很快受到多方面质疑。虽然在一些社会认知活动中，人们确实是广泛收集信息、小心谨慎地进行推理，但是，更多的社会认知活动是走捷径的。例如，在人们形成关于他人的印象时，很多时候会根据对学历或籍贯等外显因素的刻板印象，快速形成对他人的判断，这一印象形成过程可能非常短暂，人们并未广泛收集相关信息，也没有小心翼翼地进行推断，而是根据直觉和以往经验快速地完成了社会认知。此时的认知者，更像是一个"吝啬"的人，对于那些不太重要的认知客体，舍不得花费太多的注意力与认知能量，而是迅速而草率地完成了社会认知。在此基础上，有学者提出了"认知吝啬者假设"。

"认知吝啬者假设"认为：人在社会认知过程中是吝啬的，环境中存在太多的社会客体，认知主体不可能也不愿意为每个认知客体付出过多的认知能量，因此，人们经常通过认知捷径来完成社会认知活动。虽然各种认知捷径并不总是能得到正确的认知结果，但是，它们可以解决由于认知客体过多导致认知主体负载过度或精力不足的问题。

20世纪90年代以后，学者们逐渐整合了"朴素科学家假设"与"认知吝啬者假设"，指出这两种假设分别在特定情境下具有合理性，然而都不完全准确。"朴素科学家假设"认为，社会认知中的人，即使没有接受过任何的科学训练，也依然可以根据日常逻辑法规，对重要的认知客体进行符合科学研究要求的社会认知。但对于那些不太重要的认知客体来说，认知主体有必要保持"认知吝啬"，以免消耗过多的精力。通常社会认知主体会根据不同的认知目标，而采取不同的认知策略，这被称为"目标明确的策略家假设"。

"目标明确的策略家假设"认为，在社会认知过程中，人是目标明确的策略家，会根据不同的认知情境（如熟悉的环境与陌生的环境）、认知客体的重要程度（如遥远世界的陌生人与现实生活中的重要他人），而选择最适宜的认知策略，以便既能完成社会认知，又能解决其中存在的速度与效率之矛盾。而对不同认知策略的选择，通常是自动化的，人往往不需要耗费能量去思考哪些情境应该使用哪种认知策略，有关的环境线索可以自动激活相应的社会认知策略。

二、社会认知的两种信息加工

每个人每天都会发生大量的社会认知活动，其中有一部分是我们能够意识到的，还有一部分是我们意识不到的，它们在潜意识中进行。这两类社会认知的活动机制差异明显，分别适用于不同的认知情境、认知客体与认知目标。在社会认知中，对相关信息进行的有意识的信息加工，可以称为控制性信息加工。控制性信息加工是一种有意识的、有明确意图的、需要付出意志努力的社会认知方式。与之相应，那种在潜意识中进行的、以直觉和经验为基础的快速信息判断过程，可以称为自动化的信息加工[2]。

社会认知中控制性信息加工是有意识的，其加工内容是认知主体获得的有关认知客体的各类信息，这些信息往往是在较长时期内跨情境收集而来的，因此具有一定的准确性和代表性。在信息加工过程中，认知者使用符合逻辑的思维法规，力图客观地使用这些信息，并从中推理出准确结论。控制性信息加工的目标是获得尽可能准确的社会认知结果。社会认知的自动化信息加工经常是人们意识不到的，它们在潜意识中自动运行。自动化信息加工并不需要太多的信息材料，它需要的是有助于走认知捷径的外在信息，这种信息有时候可能非常简单。例如，人们经常通过外表信息来推论他人的性格，根据群体成员的仪表信息来判断该群体的吸引力。

哪些外在信息有助于认知者走认知捷径呢？对这个问题的回答，可能会因人而异，人们会根据日常生活的独特经验，形成一些社会认知的推理捷径。例如，有人会根据他人的着装来推测其是否可靠；有人会根据仪表来推断他人是否诚实；有人会根据他人的身体强壮程度来判断其意志的坚强程度。这些社会认知推理捷径的准确度不一定很高，但是，在一些不太重要的情境中，可以帮助认知者潜在而快速地完成必要的社会认知，因此自动化信息加工对人的社会认知具有重大意义。控制性信息加工则在重要的社会认知中发挥作用，只要人们认为当时的社会情境是重要的，或者在社会情境中存在重要的社会认知客体，那么，通常就会启动控制性信息加工。对不同的认知主体来说，控制性信息加工过程是类似的，因为人们在其中所遵循的推理法则大体一致。这并不是说，控制性信息加工过程不受个体主观因素的影响，而是这种影响相对于自动化信息加工来说要小得多，主观因素对社会认知的影响将在本章第三节中进一步讨论。

控制性信息加工与自动化信息加工，是人类社会认知的两种基本认知策略，对日常生活中的社会认知来说，二者协调完成了大部分社会认知任务，缺一不可。控制性信息加工的优点在于：其对信息的加工处理更加精细，所遵循的社会推理规则更加可靠。而控制性信息加工的缺点则在于：由于社会推理过程严谨而复杂，信息加工过程耗费心理能量较多，在单位时间内只能完成对极少数社会客体的社会认知活动，因此，不适宜在日常社会认知中经常性使用。自动化信息加工的优点在于：能够在最短的时间内做出相对最优的社会推理，大大节省了社会认知过程中所付出的心理能量，而自动化信息加工的结果，同样可以引导认知者的后继行为。不过，自动化信息加工的准确性常常没有保证，其社会推理的正确性受到社会认知主体的知识与经验的制约。如果认知主体具有丰富的社会推理经验和准确的社会认知原型，那么，其自动化信息加工的准确率可能会更高。

在社会认知活动中，需要控制性信息加工与自动化信息加工相互配合来完成工作。两者交互作用，有时同时进行，有时只有自动化信息加工，但自动化信息加工所依赖的必要知识与经验，又是在控制性信息加工的基础上获得的。此时，我们可以将自动化信息加工视为社会认知活动的基调，只要存在意识活动，通常就有自动化信息加工的社会认知存在；而控制性信息加工则在必要时出现，只有当认知者认为事件性质特殊且非常重要，或者由于其他原因而产生特殊的社会认知动机时，控制性信息加工的社会认知法则才会出现，并力图精确地对社会客体进行解读。

三、社会认知图式[1]

社会认知不仅是一种社会心理活动，而且还包括积累相关知识与经验的过程，这些知识与经验是通过控制性信息加工累积而成的，它们之间存在有意义的联系，以有组织的方式而存在，因此，可以称为社会认知图式[3]。社会认知图式对自动化信息加工来说是非常重要的，自动化信息加工有赖于认知者所具备的各种典型图式。当认知者把社会客体套入特定图式中时，被认知的客体就可以自动地获得与该图式有联系的特性，由此来完成快速的自动化信息加工过程。因此，常见的社会认知客体都有相对应的社会认知图式，如个体图式、角色图式、事件图式、关系图式、群体图式和自我图式等。对于不同认知者来说，其社会认知图式的差异主要在于图式的丰富程度，以及能够被意识的清楚程度。

（一）个体图式

个体图式，是社会认知中的一种认识类型，描述了认知者所熟识的典型或特殊的他人形象。个体图式是社会认知者通过以往对他人进行的控制性信息加工经验积累而成的。个体图式可以包括很多种不同种类的具体图式。例如，人们的经验中通常既有好人图式，也有坏人图式，好人图式描绘了"典型好人"的各种特点，坏人图式则描绘了"典型坏人"的各种特点，这些特点既包括内在特点，也包括外在特点。所以，在自动化信息加工的社会认知中，一旦被认知者符合认知者的好人图式中某些外在特点时，他就有可能会被推判为好人；反之亦然。

再比如，一些经典的影视作品有助于人们塑造特殊的个体图式，看过"铡美案"的人可能会形成"陈世美图式"，该图式是一种具体而特殊的个体图式，包含了男性潇洒的仪表、较好的才华、不重视婚姻承诺与子女亲情、利欲熏心、心狠手辣等一系列内外特点。具有"陈世美图式"的认知者，有可能会在知道某人"外表英俊但离了婚"等特点之后，而将某人归入"陈世美图式"来解读其内在性格特点，由此进一步推断这个人不重视亲情，过分看重功名利禄等。当然，这仅是一种可能性，不同的人在不同的信息加工情境中，对个体图式的使用也有所差异。上述三个个体图式的例子，其抽象程度也是不同的。

（二）角色图式

角色图式，是认知者用于描述各种社会角色与社会身份的心理类型。社会生活为每个人提供了丰富的认知范畴，如性别、阶层、生活地域、职业身份等，这些丰富的社会认知范畴都可以形成特定的角色图式。在教师图式中，教师通常是热爱学生、具有丰富知识、乐于助人与奉献的。如果某个教师没有这些特点，则被认为不是一个好的教师。在女性图式中，女性通常被描绘成感情丰富的、温柔善良的。在美国人图式中，美国人可能被描绘为精力充沛的、功利的、热情的，等等。不同人的角色图式通常具有共享成分，因为图式可能是基于相同或相似的间接经验而形成的，角色图式的形成与社会文化中的刻板印象息息相关，然而，个体的直接经验对文化中的角色图式具有修订作用，因此，不同人关于同一角色的图式也会有所差异。

（三）事件图式

事件图式，是认知者用于描述各类社会事件发生的系列顺序或事件发展的常规过程的心理类型。事件图式涵盖了多个事件参与者在事件发生期间实施的一系列典型行为过程，简言之，事件图式是用以描绘典型事件的发生顺序、规则、各种特征与成分之间因果关系的心理类型。例如，"恋爱图式"包括选择交往对象、互惠活动、做出承诺等几个必要的环节，在每个环节中，又有特定的行为程序与规范。

第三节　社会认知的影响因素

社会认知是认知主体对社会客体的信息加工与处理过程，是主体通过客体外在信息而认知其内在属性的过程。认知客体的基本属性对社会认知的过程与结果具有决定作用。然而，作为一种发生于人的思维过程之中的主观心理活动，社会认知也会受到一些客体基本属性以外的因素影响，这种影响可能会导致社会认知发生某种偏差，因而未能如实反映认知客体的真正特性。在社会认知活动中，来自认知者、认知对象、认知情境三方面的因素都可能会影响到社会认知的过程与结果。

一、认知主体方面的影响因素

价值观是认知主体评价社会事物的根本依据，是人对各类事物的总体看法与价值取向。价值观虽然没有具体的对象，但是，在个体评价具体事物时，它又总是会发挥作用。有的认知主体对价值评判非常敏感，凡事都要先评价个对错，分析其是否有价值，在这种价值敏感的情况下，社会认知很可能会受到价值预先评判的影响而发生某种偏差。在价值观研究中，最为经典的分类是区分出六种类型的价值观：经济型、社会型、理论型、政治型、审美型、宗教型。研究者通过实验研究发现：来自不同背景的被试，对反映不同价值观的词汇敏感程度有所不同，他们对这些词汇所反映的价值看法也不一样。例如，在某些严守宗教传统的人士看来，一位街头穿着比基尼的女士很可能是轻佻的甚至是邪恶的；而在一些艺术家看来，这位女士很可能是性感而聪明的。这种社会认知结果的差异，其实是由于价值观念不同而形成的。

原有图式对社会认知过程具有重要的影响。社会认知主体会根据先前的经验，形成某些具有概括性的认知标准与认知原型，即社会认知图式，并使用这些图式实现更为简洁、明了的社会认知活动。但是，原有图式的丰富程度与准确度，都会影响到现时社会认知活动的过程与结果。原有图式还能引导社会认知活动的对象，对于那些具有相关图式并且图式很容易被激活的认知对象来说，它们更容易得到认知主体的关注。

认知主体的即时情绪状态会影响到社会认知的结果。当认知主体处于积极情绪之中时，他们会对很多社会认知客体产生积极看法，表现出"宽大效应"来，即认为每个人、每个群体、每件事看上去都不错；当认知主体处于消极情绪状态时，他们则容易对认知客体产生消极的评价，表现为社会认知过程更为苛刻，对认知客体做出更多负面的推理。认知者的情绪是经常会发生变化的，而认知客体要稳定得多。认知者有可能在不同情绪下对同一客体做出性质不同的评价这一现象，说明认知者的情绪会对社会认知过程与结果产生重要的影响。

特定动机也会影响到社会认知过程与结果。首先，特定动机对社会认知具有导向作用，当人们对某个事物具有特定的动机时，这些事物更容易成为社会认知的对象。例如，当某人想买一辆香槟色的汽车时，周围那些类似颜色的车更容易受到他的关注。他可能会惊奇地发现，自己以前没有觉察周围有这么多此类颜色的汽车。其次，特定动机也会影响社会认知的结果，如果一对父母想要"证明"自己的孩子是聪明的，那么，这种动机可能会使他们只注重那些支持这些想法的行为反馈。相反，如果父母急于改正孩子身上的"很多缺点"，他们可能会知觉到孩子身上真的有很多问题，并因此而忽视了孩子身上所表现出来的特长。

二、认知对象方面的影响因素

在认知者还没有真正接触到认知对象之前，就有可能根据其他人的描述与介绍，形成有关认知对象的初步印象，这种印象不是认知对象自身所传递的信息，而是来自认知对象的知名度。另外，在与认知对象有直接互动的情况下，认知对象的知名度也会影响到社会认知的结果。例如，《水浒传》中的宋江，在江湖上具有很高的知名度与美誉度，所以，很多江湖人士一见到他，便赋予他很积极的社会认知结果。

社会认知活动是双向的，认知对象既可以作为社会认知的客体，同时也是社会认知的主体。即使作为社会认知客体存在时，他也可以通过自我表演，来影响到认知者的认知结果。认知对象可以根据自己的意愿来突出自己的某些方面，同时向认知者隐藏自己的另外某些方面。欧文·戈夫曼（Erving Goffman，1922—1982）提出的戏剧理论认为：每个人都通过自我表演，来强调自己的一些属性，并隐藏其他属性，借此控制他人所形成的关于自身的印象。

　　某些仪表特征与行为方式会构成一种魅力，认知对象的魅力因素会影响到认知者的社会认知。最常见的魅力因素来自认知对象的美貌，美貌者往往会在社会认知过程中留给人以很好的印象，人们往往认为美貌者更加聪明、热情、乐观、善良等，即使这种想法根本没有什么事实依据，个体还是会不由自主地这样进行社会认知。行为方式也可以构成人的魅力因素，热情、开朗、亲和的行为方式也能在社会认知过程中产生魅力，这种魅力因素一样会使社会认知朝向有利于认知对象的方向发展。

三、认知情境方面的影响因素

　　社会认知活动所发生的社会情境，也会影响到认知者的评价与判断。认知对象所处的环境，常常会引起人们对其一定行为的联想，从而影响到社会认知的结果。人们往往会认为：出现于特定环境背景下的人，必定是从事某种行为的。因此，认知对象的内在特征可以根据所处环境来加以认定。例如，当人们了解到某人经常参与各类慈善活动时，可能会认为这个人热心公益事业，因此是有爱心的、善良的人，值得交往；当人们了解到另外一个人经常出入各类赌博场所时，可能会认为此人喜爱赌博，很可能是偏爱风险甚至会铤而走险的一个人。

参考文献

[1] 全国 13 所高等院校《社会心理学》编写组 . 社会心理学 [M] . 天津：南开大学出版社，2003：129-151.

[2] 阿伦森 . 社会心理学 [M] . 侯玉波等译 . 北京：中国轻工业出版社，2005：48-69.

[3] 乐国安 . 社会心理学 [M] . 北京：中国人民大学出版社，2009：226-260.

第四章 印象整合

不能凭最初印象去判断一个人。美德往往以谦虚镶边，缺点往往被虚伪所掩盖。

——拉布吕耶尔（法国）

在社会生活中，我们会遇见形形色色的人，并留下或深或浅的印象。早在2000多年以前，亚里士多德（Aristotéles，公元前384—322）就提出：人的社会交往活动会留下心理痕迹，针对他人的社会觉知而言，这种心理痕迹就是所谓的印象。印象既有外显的，人们可以意识到，也有内隐的，人们意识不到，但可以潜在发挥作用。每个人关于他人外显印象的清晰程度会受到记忆能力的影响。据《后汉书·应奉传》记载：应奉记忆力很好，有一次他去拜访一位官员，那位官员的车夫从门后露出半张脸，告诉应奉说官员不在家，然后关上了门。过了三十年之后，应奉再一次见到这位车夫时，仍然能够认出他来。

上述关于应奉的故事便是成语"半面之交"的起源。个体可以很快地形成关于他人的印象，而且这种快速形成的印象，往往不局限于对他人外部特征的反映，还包含了对他人内在特征的判断。印象的形成，是一种由表及里、从行为反映到特质判断的社会推理过程。印象是关于被知觉者的总体形象，暗示了知觉者对被知觉者的后继交往倾向和预备反应。如果人们对某人形成了好的印象，那么在后继交往中，可能会以更为积极的方式来对待他；相反，如果人们对某人持有不好的印象，就很可能会减少与之交往。

人们在形成印象时，经常会使用一些认知捷径，这样可以使印象形成过程更加简便、经济，由此而形成的印象，同样可以用于指导知觉者的后继社交行为方向。有意识参与并控制的印象信息加工是存在的。在特殊的动机下，人们也会一步一步收集关于他人的印象信息，然后综合加以分析并推导出印象；但印象形成过程更多的是自动化的信息加工，人们会在无意识中完成印象信息加工与印象整合。本章也将探讨这种无意识的印象信息整合模式是如何发生与完成的。

第一节 印象概述

印象一词，在日常生活中经常使用，既可以指物体在水中的倒影，又可以指通过接触后，事物在头脑中留下的痕迹。在社会心理学中，印象作为术语被定义为：人对认知客体形象的整体反映。例如，人们去丽江旅游，经过几天的游览，对丽江的形象有了整体的认识，那么可以说人们产生了关于丽江的印象。再例如，当人们想起某位朋友时，脑海中不禁浮想出他的样貌、衣着、笑容和姿势，这就是关于朋友的印象。

一、印象的功能

印象是经由社会交往而形成的，其基础是有关认知客体的信息，主体依据特定的信息加工模式，来综合反映认知客体的形象，不仅包括外在形象的整体特点，还包括内在特征的总体反映。印象中关于认知客体内在特征的总体反映，是社会心理学研究的重心，因为其更具有动力功能和社会适应意义。动物也能形成关于被接触事物的印象，而个体所形成的印象与人类复杂的信息加工机制相联系，远非动物形成的印象所能比拟。

人可以通过接触与交往，自动化或控制性地形成关于人及群体的印象，这种既成印象，不仅可以在其后的模式识别中帮助人们认出已经接触过的客体，并且能够为其后人际交往或社会接触行为提供定向反应。这种或亲近或疏远的定向反应，其目标在于帮助人们尽可能地增加社交行动的潜在收益，同时减少可能发生的损失。印象是通过外在信息推断的、判断他人（或群体）是否适于社会交往的内在特质。在个体的社会互动中，合作倾向要比背叛倾向更有利于交往。所以，在不同文化背景下，人类各有一套通过外表信息来判断他人是否具有合作倾向的社会推理模式。例如，中国人常认为，目光游移的人不可信，而目光坚定的人更加可信，也更值得交往；热情的人更加善于合作，而看起来冷淡的个体更有可能会采取不合作的行为方式。

在个体长期生活于其中的人际关系里，当人们可以获得关于他人的全面信息时，就不必完全依靠仪表信息来形成印象，而是通过他人的行为特征来判断合作性，以及其他对人际关系具有重要影响的内在属性。例如，那些乐于与人分享资源的人，经常表现出不计回报的行为，人们便会赋予他"慷慨"的印象，这种印象含有亲近的行为定向；那些为别人着想甚至愿意为别人牺牲自身利益的人，在印象形成中会被赋予"善良"的印象，当某人被认为是善良的时候，这种印象会使他被更多的人选择作为交往对象。

二、印象形成

印象是人对认知客体形象的整体反映。印象形成是指认知者在接触新的人或新的群体时，根据已有经验及其外在信息，对其做出分类或定性，明确其对自身的意义，使自己对其交往行为获得明确定向的过程。关于印象形成的描述性定义，可以用"八分钟约会"过程来加以理解。"八分钟约会"源于犹太人的相亲传统，近年来被发展为一种在大都会城市较为流行的快速约会形式。其基本程序如下：相同数量的男性和女性青年一起参加约会活动，先由主持人为参加约会的男女青年安排抽签；抽签后，女性坐在与其抽签号码对应的座位不需要移动，而男性先按照自己抽签号码入座，与对面的女性交谈，8分钟后由主持人按铃提醒，男性顺序移动到下一个号码的座位上，与新的女性交谈。如此循环，直到所有的男性与女性都完成了交流为止。

在这样的快速约会中，无论男女，其印象形成过程都是近似的。以一位女性参与者的视角为例：她在接触这些新认识的男性时，会根据他们的仪表信息和言谈举止，再结合自己以往社交经验模式与他人图式，对这些男性参与者形成各不相同的总体印象，并粗略地加以分类。通常分为三类情况：第一类是印象非常好的，他们可能是仪表英俊，可能是举止有度，也可能是看上去博学多识，等等，她因此而很乐意与之继续交往。第二类是印象一般者，他们或没有明显的优点，或者在有明显优点的同时，也具有明显的缺点，导致总体印象一般。她对第二类对象的交往倾向不迫切，但也不会选择主动回避。第三类则是印象不好者，他们可能在各个方面都没有达到让她满意的程度，很多方面使她感觉到与之交往可能会带来负面的影响或者交往精力的损失。所以，对于第三类对象，她可能会产生明确的回避交往倾向。

印象形成的速度在理论上可以非常快，因为人类的模式识别速度非常快，大多数印象形成所依赖的自动化信息加工速度也非常快，所以有些时候人们仅与某人见过一面，交谈了几句话，甚至只是听别人简单介绍了一下，都有可能很快形成关于他人的印象。这种快速形成的印象，有赖于认知者的已有经验，已有经验越丰富，印象形成的速度也就越快；已有经验越具有开放性，印象形成的速度反而会放缓，因为认知者会试图收集更多的信息来形成更为准确的印象。当然，已经形成的形象，也可以在其后的交往与接触中加以缓慢修改。

三、第一印象

在印象形成过程中，人们由于初次接触而形成的形象，可以称为第一印象或初次印象。第一印象对后继印象信息加工具有非常重要的作用，是后继印象信息解读的基础。它会产生相应的或积极或消极的情感取向，这种情感取向会显著影响到后继交往倾向，影响到认知者在后继交往中收集关于认知客体的哪些信息，同时忽略哪些信息，以及如何加工已经收集到的相关信息。如果认知者对认知客体的第一印象中含有积极情感的话，他很有可能会在后继交往中更多地关注认知客体的积极方面，并认为其所发出的消极信息是由于情境或其他外在原因造成的，简言之，在加工其印象信息时，给予积极信息更高的权重，给予消极信息更低的权重。

在文学作品《三国演义》一书的描绘中,刘备在第一次见到诸葛亮与庞统时,分别产生了不同的印象,正因为第一印象不同,刘备对两者的预备反应也有很大差异。诸葛亮号称卧龙先生,庞统号称凤雏先生,两人都有卓越的才华,所以有传言说"卧龙、凤雏二人得一可安天下"。刘备第一次看到诸葛亮时,见他"身长八尺,面如冠玉,头戴纶巾,身披鹤氅,飘飘然有神仙之概",于是对诸葛亮产生了很好的印象。此后,刘备对诸葛亮的意见一直非常重视,就像对待老师一样。而庞统平日里"道袍竹冠,皂绦素履",不是非常注重个人形象,他第一次与刘备会面时,刘备看他相貌丑陋,心中已经是不太喜欢他,便把庞统分配到了较偏远的耒阳县做县宰(参见《三国演义》第 38 回与第 57 回)。

在以上文学案例中,暂时抛开其他因素不论,诸葛亮与庞统的知名度相若,但是刘备对二者的第一印象差异不小,进而导致他对二者的态度倾向也有很大不同。该案例较为形象地说明了第一印象的重要性。在日常生活中,人们不但看重他人的第一印象,而且也非常重视自己留给别人的第一印象。例如,第一天去上学、第一次面试、第一天上班、第一次去见一位重要的朋友等,人们都会慎重地对自己进行一番打扮,不但注重自己的仪表信息,有时还会思考哪些举止会受到欢迎,哪些行为应该避免,等等。凡此种种,都是人们重视第一印象的表现。

四、印象管理

在社会交往中,个体以特定方式影响、控制他人关于自己的印象,可以称为印象管理,有时也称为印象整饰。印象管理是个体进行的自我形象控制。人们有多种办法对他人施加影响,以使自己在他人心目中的印象符合自己的期待。自我表演是控制他人关于自身印象形成的基本途径,当个体为自身的社交活动设定目标后,也会形成关于他人对自己印象的期待,这种期待会推动个体使用多种自我表演的方式来进行印象管理。印象管理并不是指人类虚假或虚伪的表现,而是指人按照社会生活的要求对自己的行为进行约束与控制,达到使他人对自己的印象符合自身期待的效果,这对社交生活顺利开展、减少人际交往中的摩擦有重要帮助。而那种通过说假话或冒充身份的方式来骗人钱财的行为,则不在本书的讨论范畴之内。

印象形成与印象管理的区别在于:印象形成是认知主体收集关于认知客体的相关信息,分析其内在属性,形成关于其印象的过程。从认知加工过程来看,印象形成主要是一种信息输入。印象管理是认知主体控制自身信息的输出,以达到影响他人关于自身印象的客观效果。无论是印象形成,还是印象管理,在日常生活中都普遍而广泛地发生。印象管理是人类社交生活的重要部分,人们经常会自觉或不自觉地使用如下一些印象管理方法。[1]

其一,当人们面对特定的交往对象,希望与之进行更多的交流时,经常会使用"投其所好"的印象管理策略。此时，人们需要了解对方的兴趣点是什么，然后尽量寻找这方面的话题或共同爱好。设想一下，当我们想和一位钓鱼高手增进关系时，我们会选择什么样的话题与之交流呢？谈些与钓鱼有关的话题，或者请教这方面的知识，无疑最容易与对方产生共鸣。人们经常在生活中自觉实践这种策略。

其二，在向对方展示与自我相关的信息时，人们经常会使用"优点抬高"与"缺点隐藏"的策略。展示优点是自我表演的重要方式，人们经常会将自己的优点进行夸大。例如，将较小的优点说成是较大的优点，将时有时无的优点说成是稳定存在的优点等，借此以提高自己在他人心目中的形象。有的人在进行优点抬高时，还会自觉暴露某些小的缺点，因为他们通过经验发现：在抬高自我的同时，暴露一些小缺点，会使自己所说的话听起来更加可信（这种做法代表了更为复杂的印象管理策略，通常只有一部分个体掌握）。在与人交往时，将自身的缺点或不符合社会要求的部分加以隐藏，也是人们在日常生活中常用的印象管理策略。

其三，当面对陌生人、群体或大众来管理自我印象时，人们经常会按照社会角色或者社会常态要求来进行自我表演。各种社会角色都会面临来自社会大众的期待与要求。所以，当人们希望在大众面前树立良好形象时，就必须充分地考虑到自身角色的社会要求。例如，当交通警察在上岗执法时，为了获得大众的认可，他需要按照人们对交通警察角色的期待来开展工作，唯有如此，才有可能获得众人的好评。有时候，人们在未扮演社会角色，或者所扮演社会角色没有明确的"观众期待"时，就需要按照社会常态要求来行动。例如，去面试一份非常重要的工作，应聘者通常会分析考官有哪些要求，或者应聘中的社会常态行为是什么。在考虑了这些内容之后，应聘者通常会注意自己的着装，遵守面试时间，并且为自己有可能遇到的面试题目做出准备，等等，这些做法都有利于获得考官的良好印象。

以上这些印象管理策略，一般会通过社会化过程内化为普通人的思维与行为模式的组成部分，渗透到人们日常的社交行为之中。但是，也不能排除在某些情况下，某些人未能顺利习得这些印象管理策略，那么他们的日常行为可能会更不受欢迎，或者较难以给人留下好的印象。

第二节　印象信息加工效应[1]

印象形成可以理解为认知主体判断他人内在属性的信息加工过程。在印象信息加工过程中，存在一些常见效应。这里所谓的效应，是指印象形成过程中不同因素之间的稳定联系，而非理论层面上的因果关系。

一、序列效应

记忆研究发现：记忆材料在学习过程中所处的位置对记忆效果具有显著的影响。在系列学习中，开始出现的材料其记忆效果最好，而结尾部分的材料记忆效果也较好的现象，被称为系列位置效应。在印象形成过程中，也存在类似的现象。为了与记忆效果的系列位置效应相区别，本书称之为印象形成的序列效应。序列效应指的是，人们根据最初获得的信息而形成的印象不容易改变，而且会左右对后续信息的解释，这可以称为首因效应，而最近获得的信息对印象形成与改变的影响比较大，这种现象可以称为近因效应。

首因效应与第一印象的作用息息相关，它们反映了人们在形成印象时对最初信息的看重，以及印象通常在交往的初期就已经形成。对于那些只有几次接触的对象来说，人们最初形成的印象通常不容易改变。可以说，首因效应与第一印象在一定程度上决定了人们的交往范围，在大量的潜在交往对象中，人们通常会选择第一印象好的对象进行交往，即使在后继交往中发现印象需要改变或者调整，但是由于受到交往惯性和社交主流观念的影响，人们依然会尽量去发现交往对象的长处，导致交往活动还是在一定程度上继续。

亚伯拉罕·卢钦斯（Abraham Luchins，1914—2005）在一项实验研究中，组织了两段关于"吉姆"的描述，其中一段将吉姆的行为描述为外向的（可以称为"外向描述"），另一段将吉姆的行为描述为内向的（可以称为"内向描述"）。研究者将两段描述合并后呈现给两组被试，一组被试先看到外向描述，后看到内向描述，另一组被试先看到内向描述，后看到外向描述，呈现结束后要求两组被试讲述他们对吉姆的印象，结果发现：先看到外向描述的被试，更多地将吉姆描绘为外向的人；先看到内向描述的被试，更多地将吉姆描绘为内向的人，表现出首因效应。研究者在后继实验中，进一步要求被试综合考虑两段描述内容，实验结果则出现了近因效应。[2] 对于熟悉的人来说，近因效应更容易发挥作用。个体对于正在交往者的新近变化也比较敏感，熟识一个人意味着对他的行为具有一定的预测能力，当其行为发生显著变化时，预测不准或者是无法预测的问题，会触发人们新的认识动机，重新关注对象的行为及其变化，通过对相关信息的加工重新调整其印象。

二、光环效应

所谓光环效应是指在印象形成过程中，认知者对被认知者的某种品质形成了倾向性的评价之后，会使用这种倾向去评价其他还不了解的品质。光环效应是印象形成的一种自动化信息加工模式，是在无意识层面自动发生的。从其发生过程来看，光环效应是以偏概全的，用已经了解的品质去概括还不了解的品质，其准确性很难保证，但光环效应却有其自身存在的意义，即有助于总体印象的快速形成，达到在日常生活中的心力节省。

光环效应的发生有其特殊的前提条件：首先了解的品质应当能够产生一种评价倾向性。如果首先了解到的品质，未能产生一种倾向性评价的话，光环效应也不会发生。在日常生活中，仪表信息经常是认知者最先获得的，如果被认知者具有非常好的仪表特征，或者是非常潇洒的行为举止的话，认知者很容易由此而产生积极倾向的评价，并在随后的自动化信息加工中，赋予认知对象全面的积极性评价。当人们喜欢一位电影明星时，通常只是在电影里看到他（她）漂亮的仪表，欣赏到他（她）具有吸引力的行为举止，但是人们很快就会形成关于这位明星的全面积极评价，如星迷们不允许外人说偶像的任何坏话，因为光环效应使星迷认为，偶像在现实生活中也是聪明、善良、擅长与人交往的，等等。关于偶像在真实生活中的各种品质如何，星迷们并不知道，但这并不妨碍他们形成积极的印象。

仪表、知名度等容易获得的外在信息，可以产生光环效应。光环效应也是第一印象的作用机制，之所以第一印象对后继印象信息的解读具有决定作用，原因就在于光环效应提供了解读与评价的基本倾向。值得一提的是，如果仪表、知名度等最先获得的信息并没有明显倾向性的话，光环效应也不会发生，当人们面对一位相貌普通、无甚知名度的认知对象时，因为未产生倾向性评价，所以光环效应也不会发挥作用。此时，如果有特殊的认识动机，认知者会采用控制性的信息加工方式来形成印象；如果没有特殊的认识动机，很有可能会通过类别化方式来形成印象。

三、类别化效应

彼此陌生的人刚开始接触时，经常爱问一些类别化的信息：你是哪里人？你是哪所学校毕业的？你是做什么工作的？等等。这些问题看似与"吃饭了吗""最近天气不太好"一样都是套话，是为了打破最初交往的尴尬而发问，但实际上却对印象形成具有重要作用。这些问题可以把认知对象类别化，从而划分出不同群体，如乡下人、大都市人、重点大学学生、金融从业者、IT人和工人等。与此同时，人们对不同群体往往具有一种较为固定看法，即刻板印象。在形成关于他人印象时，如果具有类别化信息的线索，认知者常常会使用刻板印象来认知新的对象，认为该对象具有其所属群体的各种典型特征，这就是所谓的类别化效应。

首先以来源地为例，地域群体刻板印象是在社会发展过程中普遍存在的文化现象，在人类能够意识到的版图之内，都会赋予一定地域的人或群体以刻板印象，无论是在中国、美国，还是在欧洲，人们都有着各式各样的地域群体印象。2009年，保加利亚平面艺术家扬科·特斯维科夫绘制了地域刻板印象地图，以形象、娱乐的方式展示了不同来源地的人对其他地域群体的刻板印象。在今天的中国，我们对东北人、北京人、河南人、上海人、广东人等不同地域群体，都有一定的刻板印象，其中有些被人们所津津乐道，而有些则不适合在公开场合谈论，因为含有对某些群体不公平的歧视问题。

刻板印象是在社会进化过程中得以保留的具有适应意义的行为，它可以大大简化印象的形成过程，帮助认知者在尽可能短的时间内明确交往方向。试想在一次大型宴会上，你只能与每个出席者做很短暂的交流，却要从中选择一些作为长期的交往对象，你会如何选择呢？很多时候，现实生活正像是一次次的大型宴会，人们面临着同样的交往选择问题。刻板印象可以帮助人们通过简单的问题，甚至是明显的外在信息（如身材的高矮胖瘦、衣着打扮、方言口音等），便捷地指出哪些人更"值得"交往（潜在的交往收益可能会更大），而与哪些人交往可能会面临更大的风险。

当然，如果一个人总是依据刻板印象去评价别人，肯定是件令别人感到很不舒服的事情。所谓群体共享的品质，也只是在大部分成员身上有不同程度的表现而已，每个人都具有独特的品质，这是刻板印象所不能描述的。而且在长期存在的刻板印象中，经常包括偏见成分。偏见是指针对某个人或群体的不公正、不正确的消极印象。人们与外群体的不充分接触，经常会导致对外群体的偏见。因此，使用刻板印象甚至偏见去认知那些还不太了解的人，很可能会产生错误、不公平的倾向。现代人需要非常注意这个问题，虽然离不开刻板印象，却必须要了解并防范它有可能带来的歧视问题。

四、负面信息加重效应

设想你正在吃一包瓜子，每一颗都香甜饱满，忽然咬到一颗坏的，味道又苦又臭。如果此时让你评价这包瓜子味道如何，或者这种瓜子的质量怎么样，你会做何评价呢？经验告诉我们：一颗烂瓜子足以毁掉一袋美味瓜子所带来的愉悦情绪，导致人们做出基本否定的评价。在印象形成过程中，也存在这种"烂瓜子效应"。在各种可供印象形成的信息中，负面信息的作用尤其突出，人们更加看重他人的负面表现与品质，这种现象称为负面信息加重效应。

那些意味着有可能在后继交往中出现背叛行为的负面信息，在印象形成中会被赋予很高的权重，直接影响印象的基本倾向。举例来说：在交往中，某人被发现经常说谎，或者承诺的事情经常完不成，那么关于他的印象通常不会是积极的，即使他确实有不少优点。不诚实或者不真诚，很可能会导致人们在与其后继交往中，无法得到与已经付出的资源相匹配的回报；那种付出得不到回报的交往，意味着人们将经常面临交往资源的损失。所以，为了避免这种情况的发生，不诚实等负面信息会在印象形成中被加重，形成消极印象，人们也会因此减少与之交往。

五、宽大效应

当人们在表述对他人的印象时，尤其是在不太熟悉的情况下，积极肯定的评价会多于消极否定的评价。宽大效应指的是，人们在描述关于他人的印象时，通常会做出更多积极的评价，而相对较少做出消极的评价。宽大效应只出现在对人的评价之中，如果印象的对象不是人格事物，则不会出现。有研究者招募被试参与研究，研究者会向被试提供一系列的照片，其中既有陌生人也有熟悉者，被试需要描述对每个人的印象。研究结果表明，对于所有照片上的人，被试描述的积极印象都多于消极印象。被试所表达的印象都偏向了积极的一边，不太符合印象形成的一般情况：在印象形成过程中，人们经常会把所接触到的对象较为均匀地分成三类或四类，在有对比的情况下尤其如此。

宽大效应的出现，可能是由于内化的相互性法则在发挥作用，通过社会化过程，人们了解到：对他人发表积极的评价常能得到积极的回报，而消极评价可能会招致冷淡。因此，人们在表述对他人的印象时，经常大派"奖金"，这种行为有时候会得到不期而遇的回报。所以，面对那些陌生的对象，或者是熟悉但没有很大缺点的人，在相对公开的场合做出评价时，宽大效应经常会出现。

第三节 印象信息加工规则[2]

人们在形成印象的过程中，对相关信息的加工遵循着特定的规则。这里所谓的规则是指在普通人形成印象过程中出现的规律化的心理现象，是一种普通人形成印象的主观规律，而不是一种用于指导人们应该如何加工印象信息的客观规律。

一、一致性规则

人们在形成关于他人的印象时，对相关信息的加工遵循着一致性规则。所谓一致性规则是指，印象在整体上是协调一致的，对各种印象信息的加工结果不应该存在相互矛盾的问题。一致性规则具体表现在两个层面上：首先是在情感层面上和谐一致；其次是在认知层面上和谐一致。一致性规则是印象信息加工的首要规则，当有关特定对象的印象信息相互矛盾、彼此冲突时，认知者会努力地消除或减小这种冲突，通过某些效应的作用将之协调化，必要时会肯定一些信息的重要性，同时否定另外一些信息的真实性。

在对他人进行社会觉知时，可能会收集到十分繁杂，甚至相互抵触的印象资料，但最终形成的是协调一致的总体形象。一致性规则的作用机制是复杂的，获得一致性印象是人们的内在需要，只有一致性印象才能为后续社交行为提供预备反应，否则印象则不能发挥其心理功能。所以，当人们暂时无法按照一致性规则获得协调印象时，会激发其深入了解并精细组织信息的强烈愿望。

二、评价中心规则

查尔斯·奥斯古德（Charles Egerton Osgood，1916—1991）等通过研究发现：人们在描述他人时，会使用各式各样的形容词，但经过归纳后，描述印象的形容词基本上涉及三个维度。首先是评价，评价指向被认知者内在品质的好与坏，评价方面的形容词都可以简单地归结为"好不好"的问题，"好人"值得交往，"坏人"不值得交往；其次是力量，指的是在广泛背景下，行为与活动所展示出的能力强弱，能力强者更善于完成任务，而能力弱者不善于完成任务；最后是活动性，指的是个体在面对客观世界时其态度的积极程度，活动性强者往往对周围事物持有更为积极、乐观的态度，活动性弱者对周围事物的态度更为消极、退缩。研究者认为，在上述三个维度中，评价维度最为重要，一旦评价形成，印象的基本倾向也就确定了。

评价维度是印象中最为重要的层面。人们在评价他人时，可以从不同的角度出发，既可以评价其社会属性，如对象在与人打交道时是否热情、是否有亲和力等，也可以评价其智能属性，如是否聪明、是否有毅力等，因此，有研究者对评价维度进行了细分，区分出社会特性评价与智能特性评价。典型的社会特性评价包括是否真诚、是否具有助人精神、是否宽容、是否亲和、是否幽默等；典型的智能特性评价包括是否聪明、是否有毅力、是否果断、是否理性等。通过研究发现，社会特性评价会影响到人们对其喜爱程度，智能特性评价会影响到人们对其尊重程度。可见，两种评价维度对印象的效果又有所不同。

三、核心品质规则

很多种特性都会影响到印象形成，但是来自评价维度的特性，比那些来自力量维度和活动性维度的特性更为重要。简言之，评价中心规则提醒我们部分有时决定整体。那么，是否存在这样一种具体特性，它能够直接决定印象的基本倾向性？所罗门·阿希（Solomon Asch，1907—1996）通过一系列实验发现，热情与冷淡就是这样的核心品质。所谓核心品质，是指其对印象形成来说至关重要，这种具体特性甚至能够改变整个印象。在其他条件相同的情况下，具有热情属性的人更有可能获得良好的印象，而冷淡者则容易获得较差印象。

核心品质规则与评价中心规则并不矛盾，热情与冷淡是一对来自评价维度的具体特性。但从印象管理实践来看，核心品质规则与评价中心规则相比更进了一步，它指出一对来自评价维度的具体特性可以影响到社交倾向，这使印象管理变得更加有针对性，人们在社交生活中，尤其需要注意对他人热情或冷淡的表现。

中国学者重复了阿希的实验研究，首先通过开放式问卷选出四对特性（热情与冷淡、真诚与虚伪、心胸宽广与心胸狭窄、谦虚与自以为是）作为备选的核心品质，然后进行分组实验。但实验结果显示：这些都不是中国人印象形成中的核心品质。[3] 也许中国人的核心品质并不在这四组特性之内，也有可能是因为中国人具有中庸式思维特点，中国人倾向于总体考虑各种特性来形成整体印象，而较少只依据一种核心品质来形成印象。

第四节　印象信息整合[1]

通过上述内容可以发现，印象形成是一种非常复杂而快速的过程。然而，当人们面对大量相关信息时，是如何具体加工处理这些信息，并最终获得整体印象的呢？学者对此提出了不同的看法，比较典型的观点主要有四种，分别从不同的视角分析了普通人加工印象信息的具体模式，也许有的观点看起来并不符合普通人加工信息的一般情况，但是它们分别从不同角度关注了印象信息整合的重要方面。

一、增加模式

增加模式的观点认为：人们在整合印象信息时，会将收集到的对象的全部特性加以评价，积极特性会得到正向的评价，消极特性会得到负向的评价，最后再综合全部评分的总和作为形成印象的依据。无论是积极评价还是消极评价，在增加模式中，其对印象形成的贡献都是累积的，即如果某个人的积极特性越多，那么人们对他的印象就会越好；相反，如果某个人的消极特性越多，那么人们对他的印象就可能越差。

二、平均模式

平均模式的观点认为：在印象形成的过程中，人们不但要考虑各种特性的评价分值总和，还要根据所累积的特性数量的多少加以平均。印象信息整合的平均模式是以增加模式为基础的，但在后者基础上增加了计算平均分的过程。在增加模式中，通过两种特性而形成的印象与通过二十种特性而形成的印象，在得分上可能是相同的。然而，在这种相同印象得分的背后，认知者对于交往对象的了解程度是不一样的，生活常识也告诉我们：认识时间的长短、认识程度的深浅都会对总体印象有所影响。平均模式在一定程度上考虑到了这个问题，它可以简单地区分出熟悉程度的不同。

三、加权平均模式

人们对自己形成印象有这样的常识性认识：在形成对他人印象时，不仅会考虑积极特征与消极特征的数量多少与强度大小，还会从逻辑上判断各种特征的重要性如何，即重要特性对印象形成的权重更大，次要特性对印象形成的权重较小。加权平均模式吸收了这种常识，进一步改进了平均模式，认为印象形成是人们首先根据每种特性在总体评价中的重要性，确定每种特性的权重数，然后将权重与每种特征的强度相乘，最后加以平均得出总体印象。

关于普通人如何加工印象信息的以上三种观点之间存在一种拓展延续与不断改进的联系。然而，加权平均模式在吸纳了更多常识之后，其对印象形成的信息加工过程的解读，越来越不符合人类加工信息的模糊性特点，人不是精密的计算机，无法在精确地确定每种特性权重数之后，再进行加减乘除的混合运算。因此，加权平均模式虽然对我们有所启发，却没有真正再现人类的印象信息加工与整合过程。

四、中心品质模式

中心品质模式突破了信息精细加工思维的限制，重新关注了人类认知的模糊性特点。其认为在印象形成过程中，人们只重视那些意义重大的特性，即所谓的中心品质，而忽略那些次要的、对个体意义不大的特性；如果在短暂的接触中，未发现中心品质存在与否，人们会根据已经确认存在的特性来判断中心品质是否存在及其强度如何。要完成这一判断，需要借助于隐含人格理论，隐含人格理论包含了各种特性之间如何组合的一系列假设，可以帮助人们通过已知的特性来判断其他特性的存在情况。

在印象整合过程中，哪些特性意义重大，是印象形成的中心品质呢？相关研究认为：真诚、热情是积极的中心品质；虚伪、冷酷是消极的中心品质。如果一个人既真诚又热情，那么人们在形成关于他的印象时会忽略其他品质，产生良好的总体印象；相反，如果一个人被认为虚伪和冷酷的话，那么就不会留给别人好的印象。如果接触时间短，没有发现上述中心品质的话，认知者就会借助于经验而形成隐含人格理论，根据已经发现的特性去判断对象在中心品质上的表现如何。例如，人们经常会认为：幽默、外向、开朗的特性与热情、真诚联系更为密切，而刻板、内向、阴郁的特性与虚伪、冷酷联系更为密切。应该说，中心品质模型更接近日常生活中印象信息整合的实际情况。

参考文献

[1] 中国就业培训技术指导中心，中国心理卫生协会. 心理咨询师（基础知识）[M]. 北京：民族出版社，2011：131-132.

[2] 乐国安. 社会心理学 [M]. 北京：中国人民大学出版社，2009：122-124.

[3] 蔡建红. 中国人印象形成中核心品质研究方法初探 [J]. 江西师范大学学报（哲学社会科学版），1999，(1)：42-45.

第五章 归 因

人们把我的成功，归因于我的天才；其实我的天才只是刻苦罢了。

——爱因斯坦（美国）

　　美国东部时间 2007 年 4 月 16 日上午 7 点 15 分，持美国绿卡的韩国人赵承熙在弗吉尼亚理工大学校园里，制造了美国历史上最为严重的一起校园枪击案。赵承熙向母校的老师与同学开枪，造成 30 多人死亡，最后开枪自杀身亡。赵承熙枪击事件发生后，立即引起了全世界的关注，由于缺乏相关的权威报道，人们对赵承熙的犯罪动机充满了疑惑及各种猜测。时至今日，依然有人对赵承熙的行为感到困惑与恐惧，想知道他此前到底经历了什么事情，导致他做出如此疯狂的行为，也有人担心类似的事情会发生在自己的身边，同时思考着如何避免惨剧的再次发生……上述思考与探索都是典型的归因过程。

　　归因，是人对行为原因的探索，是社会认知的重要成分。在面对重要事件时，人总是对行为背后的原因感兴趣。比如，领导为什么会生气？恋人为什么不高兴？那个人为什么会高兴得手舞足蹈？一位不喜欢艺术的同事，为什么最近经常去看画展？张三最近的行为方式为什么有所改变？等等。人经常探索他人行为背后的动机与原因，而学者更感兴趣的是普通人使用何种归因原则，他们在归因时具有哪些特点，经常会出现哪些偏差，以及影响人们归因的因素有哪些，等等。围绕以上问题的研究，目前已经取得了一些关于人类归因过程的重要理论成果。

　　本章总结了四种经典的归因理论，从归因理论创始人海德，到经典归因理论的集大成者凯利，他们将经典归因理论推向了巅峰，对普通人归因过程所遵循的基本规则进行了多视角的探索。现有研究发现：人在归因过程中，经常会出现各种偏差，这些偏差将人们的归因导向特定方向。经典归因理论认为：人在归因时的主要动机是求真。但事实上，普通人并不会投入太多精力，以求获得更为准确的归因结果，而是在一些因素的影响下，会采取一些归因捷径。

第一节 归因理论

　　经典归因理论预测了人类归因的一般方式与方法，它们探讨了普通人在归因时如何依据特定的条件而做出相对应的行为原因分析。例如，海德指出，人们在归因时，依据的是原因与结果之间的不变性联系，而内归因与行为预测具有非常重要的联系；爱德华·琼斯（Edward Jones，1927—1993）与凯斯·戴维斯（Keith Davis）说明了人们在何种情况下会进行内归因；韦纳则认为，可控性原因与行为的预测有关，而内归因与行为所受到的奖励与惩罚有关；凯利细致阐述了普通人是如何通过收集三类信息，进而做出特定方向归因的问题的。

一、不变模式

　　1958年，海德在《人际关系心理学》一书中首次提出归因理论的问题。他认为：在日常生活中，每个人都对行为背后的原因感兴趣，即人们想知道别人行动的前因与后果，归因不仅是人们的心理活动，更是个体的内在需要。通过归因，可以获得对周围人的理解，可以增强内心的控制感与安全感。普通人虽然缺乏科学训练，但他们却能遵循朴素的科学原则，利用理解和内省的方式去探索行为背后的因果联系，这一点或多或少有点像心理学家对人类行为所开展的研究，所以海德把普通人称为"朴素的心理学家"，把普通人的归因活动称为"常识心理学"。

　　在习得性无助实验中，实验动物随机遭受电击。它们不能解释为什么会有此遭遇，不能预测电击何时会发生，也不能逃避电击，时间一长，理解环境、预测环境、控制环境的内在需要被破坏，因此表现出习得性无助状态。对人类来说，周围人的行为是一种非常重要的情境因素，理解并预测他人的行为是非常重要的。归因实际上是为了满足人的两种需要：一是理解环境的需要，二是控制环境的需要。

　　海德出生于维也纳，他曾经与格式塔学派的心理学家共同开展研究，受到库尔特·勒温（Kurt Lewin，1890—1947）的场论影响，海德将行为视为个体与环境共同作用的结果。他因此提出，行为发生的原因主要有两种：一种是来自行为者内部的原因，包括行为者的人格品质、能力、动机、兴趣、爱好、意愿或努力程度等；另一种是来自行为者外部的原因，诸如任务难度、工作性质、他人影响、运气因素等。在海德看来，普通人在寻找行为的原因时，主要是从这两个方面的分析入手，评估行为到底是由内因引起，还是由外因导致的。如果人们认为一种行为是由外因导致的，就不会根据行为来判断行为者的内在品质，也无法肯定这种行为是否会再次发生。相反，如果人们认为一种行为是由于内因引起的，那么就会认定这类行为还会再次发生。由此海德认为，内归因与行为预测息息相关，只有在内归因的情况下，人们才能对行为做出预测，因此普通人必然偏爱内归因。内归因与外归因只是一种简单的二分法，但它却是海德归因理论中最为重要的维度。

　　海德的归因理论认为：人在归因时，通常会寻找特定原因与特定结果之间的固定联系，即用不变模式进行归因。不变模式也可以称为不变性原则，是指如果首先出现的现象与其后出现的现象之间具有稳定联系，即只要前一现象出现，后一现象也必然会出现，如果前一现象不出现，后一现象也不会发生，当两者之间具有不变性联系时，就可以把前一现象称为原因，而将后一现象称为结果。试想一下：如果某个小区连续失窃，通过监控发现，甲每次都会在失窃前进入小区，而在失窃后离开小区，那么人们会不会把甲看做是盗窃者呢？答案几乎是毫无疑问的，因为甲与失窃事件之间具有不变性的联系。

海德的归因理论虽然相当简单，却具有开创性意义。在今天看来，不变模式所能够解释的归因现象过于狭窄，它只能解释一个原因与一个结果之间存在固定联系的情况，如果环境中存在其他可能的原因，那么很难做出不变模式的归因。当一种行为结果看起来存在多种可能原因时，人们就不能十分肯定地将其归结为任何一种原因。假设张老师在课堂上对李同学大发脾气，张老师发脾气的行为可以有多种解释，如张老师的脾气不好，李同学爱在课堂上捣乱，或者是张老师和李同学之间存在误会，误会情境导致张老师发了脾气。对于类似情况，不变模式的归因理论则不能做出很好的解释。

二、对应推论说

对已经发生的行为做出内归因，有助于预测后继事件。海德虽然提出普通人偏爱内归因，却没有具体地说明人们在何种条件下会进行内归因，琼斯与戴维斯对这一问题做出了回答。将某人的行为归结于其内在特征的归因过程，可以称为对应推论。那么，人在什么时候会进行对应推论呢？试想：当一位衣着整齐的应聘者坐在你面前时，你会认为这种着装方式能够反映他非常喜欢整洁的特点吗？相反，当一个衣着邋遢的应聘者坐在你面前时，你会认为这种着装方式反映了他不重视穿着（或者不太整洁）的特点吗？问题看起来相似，答案却截然不同。

琼斯和戴维斯提出的对应推论说认为：当人们看到某种行为时，首先需要判断这种行为是不是由行为者有意做出的，以及在这种行为结果中哪些是行为者希望得到的。如果行为是由行为者被迫做出的，那么就不能根据被迫行为来判断行为者的内在品性。因此，当观察者看到一种特定行为之后，先是分析其背后的行为动机，然后再决定是否由此推定行为者的内在属性。在此分析过程中，有三个方面的考虑可能会影响到对应推论过程。

第一是行为的自由选择程度。如果观察者认为所观察到的行为是行为者自由选择的结果，观察者通常会假定：该行为能够反映行为者的内在意图，根据这种意图或动机完全可以推论其内在属性；如果观察者认为所观察到的行为并非行为者自由选择，而是环境中存在强迫因素，那么就应该使用情境因素来解释行为者的表现。就像在规定题目演讲中，某人抽到的题目是"成功主要靠运气"，无论他的演讲多么慷慨激昂，都不一定能够代表他真实的观点，因为他的论点不是自由选择的。

第二是行为的社会合意度。所谓社会合意度，指的是社会对行为的鼓励与压制、称赞与批评的态度。社会所鼓励或称赞的行为，可以称为社会合意度高，社会所压制或批评的行为，可以称为社会合意度低。如果一种行为被社会所认可、称赞和鼓励的话（即社会合意度高），就会有更多的人表现出这种行为，以便获得奖励或者建立自身的良好形象。此时，这类行为就不是源于内部动机，而是源于外部动机。如果一种行为的社会合意度低，那么它更有可能反映行为者的内部动机，因为当行为者做出这种行为时，无法得到社会赞许。如果一种行为的社会合意度高，反而不能反映行为者的内部动机。就像一位应聘者，在面试过程中表现得非常积极主动，面试考官不会因此认为应聘者具有外向性格，因为他的表现很可能是为了迎合考官或招聘情境的要求；相反，在面试中表现得沉默寡言，又确实对所应聘工作感兴趣的应聘者，基本可以断定为不健谈，或者具有非常内向的性格。

第三是行为是否符合角色要求。源于角色要求的行为，不能推断行为者的内在特点，就像军人在战场上的行动，不能作为他们性情残酷的证据。警察在工作岗位上为市民服务，也不能说每位警察都具有服务精神，因为他们的行动是职业角色的要求。如果某个警察在工作岗位上，拒绝为服务对象提供力所能及的帮助，那么多数情况下可以被判定为不具有服务意识，或者缺乏胜任其岗位的工作态度与能力，因为他的行为无法用职业角色要求来解释，只能从个体自身寻找原因。

人们总是想知道一种行为背后的真正动机与原因，并且会根据经验去分析是否由于行为者的某种内部动机而激发了该行为，抑或在情境中有哪些因素有可能会导致这种行为。对应推论说基本可以解释个体何时会做出内归因。近年来，在社会上出现一种颇具争议的现象：公共汽车让座。考虑到传统文化中尊老爱幼的要求，以及精神文明建设的需要，官方媒体一直鼓励公共汽车让座的行为。具体到军人而言，他们在乘坐公共汽车时，如果没有让座的话，周围的人很可能会认为这个军人缺乏某些优秀的品质。我们依照对应推论说来分析一下这种归因：第一，军人在公共汽车上具有行动自由，他自由地选择了不让座的行为；第二，不让座的行为社会合意度不高，因此从内部动机做出解释更为合适；第三，社会主义主流价值观要求军人要为人民服务，所以不让座行为不是职业角色的要求，需要从角色扮演者个性出发，才能找到合理的解释。

曾经有人在互联网上发帖批评军人不给老人或孕妇让座的现象，发帖者往往带有愤怒情绪，他们对不让座的军人做出了内归因，其归因过程的意识程度可能非常低，观察者也不会罗列出以上三个因素，然后综合推导出归因结论，但其归因结论完全符合对应推论说。对普通人来说，在什么条件下内归因，在什么条件下外归因，是自然而然的事情。对应推论说的贡献就在于：它揭示了人们进行内归因的条件，在面对一种已经发生的行为时，如果没有学习过对应推论说，我们只知道自己的归因方向，然后假设别人的归因与我们相同；而对应推论说解释了这种归因过程中的无意识机制，还原了内归因的条件与影响因素。

三、韦纳的归因分类[1]

韦纳的归因研究，主要受到海德和阿特金森的影响。在海德那里，因果推论中原因来源是简单而清晰的，无非是内归因、外归因或者是综合归因。韦纳则提出，关于行为原因的推论，具有复杂的信息和背景。韦纳将归因理论引入更广泛的社会背景中，他对行为原因的分类则借鉴了阿特金森的成就动机理论。

韦纳扩展了归因方向，他认为行为的原因不仅有内因和外因，还可以划分为稳定性原因和易变性原因。稳定性原因是指在日常生活中表现稳定、不容易发生变化的原因。例如，能力就是一种稳定的内因，人类的能力是长期培养的结果，不可能在短时间内出现重大的变化；社会文化是一种稳定的外因，它通常不会在短期内发生剧烈的变化，它的发展过程从长期来看也是缓慢而较为稳定的。易变性原因是指在日常生活中经常发生变化、不太稳定的原因。例如，全情投入的努力是一种易变性内因，人们不会对所有事情都全情投入，这要取决于工作的价值、个体的态度和环境等多方面因素的影响，因此容易发生变化。机遇也是容易发生变化的，是易变性外因。如果将内-外原因划分和稳定-易变原因划分组合起来，就可以得到四种归因方向：稳定的内因、稳定的外因、易变的内因、易变的外因。

除此之外，韦纳还提出另外一组重要的原因分类：不可控原因和可控性原因。所谓不可控原因，指的是行为者无法控制的原因，比如，天赋和天气都是行为者不可控的原因，没有人能够选择自身的天赋，也没有人能够完全控制天气。所谓可控性原因，指的是行为者可以通过自身努力而实现控制的原因，如努力程度对于具有自由意志的主体来说，就是可以选择和控制的。在生活与工作中，有些外因是行为者可以利用和控制的。

在海德看来，内因与外因的划分与行为预测直接相关，内因有助于预测其后类似行为，外因无助于预测其后的行为。韦纳则认为，内外因与行为预测无关，但关系到奖惩问题。一种成功，如果被归结为内因，成功者会得到观察者的赞许或奖励；如果被归结为外因，成功者则不会得到观察者的赞许与崇拜。一种失败，如果被归结为内因，失败者可能会受到观察者的批评或嘲笑；如果被归结为外因，那么失败者则可能不会受到观察者的指责。

在韦纳的理论中，可控性原因与不可控原因才与行为预测有关。当一种行为及其结果被归因于不可控原因时，因为是行为者无法控制的，所以下次再发生类似的行为也会得到相同的结果，观察者就可以对未来行为的结果做出准确预测；当一种行为及其结果被归因于可控性原因时，因为主体可以选择或控制行为，下次再发生类似行为时会得到什么样的结果取决于行为者的选择，所以在观察者不了解行为者的意图之前，无法对未来行为做出预测。例如，有一位同学去参加奥林匹克数学竞赛，竞赛成绩非常好，当观察者将好成绩归因于该同学很聪明、很有数学天赋时，观察者会预测该同学在类似的竞赛中都能取得好的成绩；如果观察者认为，好成绩是源于该同学认真准备或指导教师有效辅导等可控性原因时，观察者则很难根据这些可以人为控制的因素来预测其后的竞赛表现。

四、共变模式

凯利是经典归因理论的集大成者，他提出了三维归因理论。该理论强调观察者会收集几种信息，对它们进行综合考虑，根据它们之间的共同变化及规律性协变而推导出特定的归因方向，所以该理论又被称为共变模式。

凯利认为，一种行为的发生会涉及三个方面的线索：行为主体、行为客体、行为发生的情境。因此，人在进行因果推论时，会考虑到以上三种归因方向。借用前文提到的"张老师对李同学发脾气"的案例，根据三维归因理论，观察者在解释张老师发脾气的行为时，存在三种可能的原因解释：首先是张老师的脾气很不好，这是行为主体方面的原因；其次是李同学经常惹张老师生气，这是刺激客体方面的原因；最后是张老师和李同学之间存在误会，这是发脾气事件的外在情境。在归因维度分析上，凯利比海德更进一步，在不变模式中，行为主体以外的因素都被视为情境因素，共变模式在外因中又区分出刺激客体和行为情境两个归因方向。

凯利认为，人们做出归因之前，首先会综合收集三个方面的信息，然后根据三种信息的共变特征来决定归因方向。三种信息分别是：区别信息、一致信息、一贯信息。区别信息是指行为主体对不同客体的反应是否有区别，如果张老师对所有同学都发了脾气，区别性就低，如果张老师只对李同学发了脾气，区别性则高；一致信息指的是不同行为主体对刺激客体的反应是否一致，如果所有的老师都对李同学发了脾气，那么可以说（行为主体的）一致性高，如果只有张老师对李同学发脾气，则可以说一致性低；一贯信息指的是行为主体与刺激客体之间的关系是否具有一贯性，如果张老师每次见李同学都发脾气，那么可以说一贯性高，如果张老师平时与李同学关系融洽，那么可以说一贯性低。观察者将三种信息进行综合考查，特殊的共变关系会导致特定方向的归因，如果三种信息中的区别性、一致性、一贯性都高，则可以归因于刺激客体；如果区别性低、一致性低、一贯性高的话，则可以归因于行为主体；如果区别性高、一致性和一贯性低的话，则可以归因于情境。

共变模式认为：对三类信息的使用情况，决定了归因的准确性；普通人在重要事件上的归因，就是本着共变规则进行的。凯利等做了一项相关实验研究，他们向被试呈现了不同性质的信息协变，要求被试做出自己的归因，结果发现：在区别性高、一致性高、一贯性高的信息模式下，61%的被试归因于刺激客体；在区别性低、一致性低、一贯性高的信息模式下，86%的被试归因于行为主体；在区别性高、一致性低、一贯性低的信息模式下，72%的被试归因于行为发生时的情境因素。该实验结果支持了共变理论。[2]

第二节 归 因 偏 差

在经典归因理论形成时期，把人假设为朴素科学家的理念正流行于社会认知研究领域中，共变模式充分体现了这一特点，它认为普通人的归因是有逻辑的过程，他们付出意志努力收集所需要的信息，期望找到行为背后的真实原因。但也有大量研究结果表明，人们对归因过程可能是很草率、武断的，甚至反复出现一些规律性偏差。本节主要介绍基本归因错误、自我防御性归因偏差、忽视一致性信息、旁观者与当事人的归因分歧。

一、基本归因错误

普通人对于行为归因抱有一种基本观念：人的所作所为起源于行为者的人格特点，而不是源于情境特征。这种把人的行为与其个性、人格相对应的倾向，就是所谓的一致性归因偏差。一致性归因偏差相当普遍地存在，所以不少学者称之为基本归因错误。基本归因错误在普通人进行归因时经常会发生，它既包含了高估内在特质作用的倾向，还包括低估情境作用的倾向。换言之，普通人与人格心理学家有相似的地方，倾向于对他人做出内部归因，根据他人行为判断其性格特征。

大量的相关研究表明，基本归因错误稳定地存在于归因活动之中。人们愿意对应推论，即使知道他人的行为是被规定的、没有选择自由。例如，在命题演讲或辩论赛上不得不支持一种观点时，归因者依然倾向于认为，行为者所说的话能够反映其真实想法。基本归因错误之所以会发生，主要原因在于：（行为者的）行为本身、社会环境、社会角色、情境压力等因素都会影响到归因方向，在这些影响因素中，行为者的行为最容易被发现，也最能引起观察者的兴趣，因此观察者忽略了外部因素的作用，更为强调行为者自身的原因。另外，个体主义文化非常强调人应该对自己的行为负责。在西方个体主义文化背景下产生的自由哲学认为：人具有自由意志，任何时候都有选择的权利。因此，在分析行为原因时，普通人更倾向于做内归因，也就是把行为归因于行为者本身的原因。

朱利安·罗特（Julian Rotter，1916—2014）发现，在现实生活中存在一类典型个体，他们认为个人行为的成败结果取决于个人努力，并且认为自己能够控制事件发展，这类人可以称为内控者。内控者在面对困难时，能够加大努力与投入，即使他们对行为结果感到不满意，也不会怀疑下次有可能会改进。内控者的心态积极向上，然而在归因时，也最有可能出现基本归因错误。但与此同时，人群中还有另外一类典型个体，他们认为个人行为的成败结果取决于外在力量，如运气或上帝等，这类人可以称为外控者。外控者在面对困难时，往往会寻找借口、用碰运气的方式加以应对，他们看不到行为结果与自身努力的关系，在进行归因时不容易出现基本归因错误，因为他们更多地做外归因。典型的内控者与典型的外控者在人群中只占少数，大多数人既有内控倾向也有外控倾向，但一致性归因偏差存在于大多数人的归因过程中。

二、自我防御性归因偏差

自我防御性归因偏差主要发生在对他人的行为进行归因的过程中，而对自身成败的归因，人们经常会表现出自利特点。面对自己成功的行为或事件，普通人倾向于进行内归因，即认为是由于自己的内在属性决定了行为的结果，如成功是源于自己的能力很强，成绩好是源于自己很聪明等。而对于自身失败的经历，人们倾向于进行外归因，即认为是环境因素导致了不良结果，而不是由于自身能力差或不够聪明等原因。这种归因偏差的功能在于：成功时，可以提升自我价值感；失败时，可以防止自我价值和自尊心受到伤害，能够起到防御效果。

自我防御性归因偏差是指人们倾向于把成功的原因归结为自身的积极品质，而把失败的原因归结为环境的影响。1971 年，韦纳最早发现人们在体育比赛和学习成绩等方面通常把成功归因于自己，反之则会为失败找借口。自我防御性归因偏差自从提出以后，在诸多领域中得到了大量支持。在 2010 年南非世界杯赛场上，朝鲜虽然以 1∶2 败给巴西，但整体上表现良好，朝鲜球员在接受采访时认为，朝鲜队整体实力很强，他们要向冠军迈进；然而在第二场比赛大比分输给葡萄牙之后，朝鲜队员则认为，这次主要是球鞋质量太差，在雨中比赛时不能防滑所造成的。

在群体合作过程中，自我防御性归因偏差也经常发生，当集体获得成功时，成员倾向于认为主要功劳在于自己；然而在面对集体失败时，成员却常常会责怪其他人，把责任推给别人。2007 年 7 月，中国足球队在亚洲杯小组比赛中，先是以 5∶1 战胜了马来西亚队，教练在接受采访时表示，之所以能赢球是因为队员坚决地贯彻了赛前部署，而且中国队的整体实力也有所提高，当前有机会问鼎亚洲杯。此时，教练主要将成功归结为赛前部署，并认为在自己的带领下整体实力比以前提高了。随后，当中国足球队以 0∶3 败给了乌兹别克斯坦时，教练则表示，可能是因为球员体能差而输掉了比赛。可见，教练把失败的责任推给了球员。在体育比赛中，类似的案例非常普遍。

对于自身成败事件的归因，普通人为什么会向着有利于自我价值确立的方向倾斜呢？认知失调理论给出的解释认为：人们为了有尊严地生活，需要坚信"我是有价值、有能力的人"。对成功进行内归因，与这种信念没有冲突；然而对失败进行内归因的话，认为"这次失败是我的能力不足所致"的想法，会威胁到自我价值，导致个体经历由认知失调所带来的紧张与焦虑感，如果此时能够对失败进行外归因的话，则不会经历认知失调的痛苦。有时候，人们明明知道失败源于自己，成功源于队友或运气，依然坚持做出自我防御性归因，可能是出于印象管理的考虑，为了维护自身的良好形象，人们会策略性地选择自我防御性归因，这样也有可能获得一部分他人的好印象。

三、忽视一致性信息

凯利在归因的共变模式中认为，普通人在归因时会收集三类信息，并分析三类信息的共变规律，然后谨慎地归因于特定方向。然而实际情况是，人们对三类信息的重视程度不同，相对而言，区别信息更受重视，而一致信息经常被忽视。一致信息需要探索其他类似行为者的做法，这种信息可能会相当分散，收集过程中需要付出更多努力。人们在面对一种行为时，会对行为发生主体更感兴趣，较少关注行为主体以外的其他人是如何行动的，普通人习惯于注重具体、生动、独一无二的事情，对于一个群体内的统计类型信息不太关注；其他行为主体的做法是归因中的间接材料，观察者使用直接材料进行的归因更加便捷，而间接材料往往要与其他材料相互配合使用。

当一件非常重要的事件发生时，人们来不及收集一致信息，也无处寻找这类资料，所以事件刚一发生时，观察者往往没有一致信息可以用于归因过程，只能根据行为者最鲜明的行动特点来做出归因。随着时间的推移，人们获得了越来越多的一致信息时，其归因方向也有可能会发生偏移。2012 年 6 月 12 日，在安徽省长丰县吴店中学，两名同学在课堂上打架，授课教师杨某却没有当即制止，仍然继续上课。在学生打架期间，据说杨老师说了句"你们有劲的话，下课后到操场上打"。周围人将打架学生分开后，一名打架的学生突然口吐白沫，后被送到医院急救，在此期间杨老师依然继续上课，直到下课铃声响起。

该事件发生后，很多互联网用户对此表示非常愤怒，将这名教师戏称为"杨不管"，认为"杨不管"缺乏师德（将其行为归因于主体）。然而随着事件的发展，越来越多的一致信息发布在互联网上，关注该事件的网友们发现：就在半年前，该校曾经出现过一名教师因为在上课时制止学生打架，而被学生砍断手指的事件。直到"杨不管"事件发生时，被砍断手指的教师依然没有得到行凶学生的赔偿，该校教师人人自危、心灰意冷，对学生打架事件不敢管更不愿意管。后来还有网友指出：打架学生致死原因是情绪激动而引发潜在疾病，"杨不管"不仅被停职，而且赔偿死者家属人民币 10 万元。这次事件对所有的当事人来说，都是非常可悲的事情，"杨不管现象"是学校的悲剧，也是教育和社会的悲剧，"杨不管"和死亡学生一样，都是悲剧式人物。由此可见，事件观察者的归因逐渐考虑到一致信息，越来越具有情境性。

四、旁观者与当事人的归因分歧

基本归因错误是所有归因偏差中最常发生的。但通过前面的描述可以发现，它没有被平等地使用于所有情况，即个体对他人的行为经常做内归因。例如，当我们看到"张老师大发脾气"时，很可能会认为张老师的性格有缺陷，不能控制自己的情绪；当我们无法控制情绪的时候，作为当事人，我们会把这种尴尬的表现归结于自己所承受的环境压力多么大，以及外界因素的种种影响。旁观者与行为当事人之间，在归因时会有所分歧，当事人更关注影响自身行为及其结果的环境因素，旁观者更关注一种行为反映了行为者的何种特点。旁观者与当事人之间的归因分歧，可能会导致两者之间的矛盾与冲突。

知觉显著性是这种归因分歧产生的原因之一。旁观者与当事人的知觉焦点不同，当一种行为发生时，行为者的注意力会投注在环境中需要解决的问题和需要克服的困难之上。行为当事人对客观情境的关注，更胜于对自身行为的觉察，他们很可能以习惯方式应对；旁观者则不太关心行为者遇到了什么困难，或者身处何种情境之中，也可能不了解行为者的以往惯常行为，所以他们关注的焦点是行为者和行为本身。

信息可得性也会导致这种归因分歧的产生。行为者对自身的一贯信息和区别信息更为了解，掌握自己多年以来形成的行为习惯，所以他们进行归因时，可利用的信息更多更丰富，前面讨论过，随着时间的推移与信息的增加，归因会越来越具有情境性。旁观者对一贯信息和区别信息知之甚少，他们只能通过一致信息来判断行为的原因。例如，在一次讨论会上，你坐在一群讨论者中间一言未发，旁观者通过把别人的表现与你的表现相比，很容易认为你是个不爱说话的人，或者对这个话题不感兴趣，或者没有能力就此发言。而作为当事人的你，知道自己只是在陌生人面前感到不好意思而已，而在熟人面前的表现则完全不同，或者是最近工作太多，导致你没有时间去准备这个话题，所以你选择了沉默。可见，旁观者与当事人在归因时，在信息可得性方面的差异很大。

第三节 影响归因的因素

人类的归因过程，并没有像经典归因理论所描述的那样精准，而是经常表现出各式各样的偏差。环境中存在各种影响归因的因素，这些因素可以在一定程度上解释归因偏差为什么会发生。

一、注意焦点

前面阐述了观察者与行为者在归因方向上的分歧，这种分歧也可以说是受到观察位置的影响。无论处于什么样的观察位置，归因者都倾向于将行为结果和事件归结在他注意的焦点上。对于观察者来说，行为者处于注意的焦点，所以观察者倾向于将行为及其结果归因于行为者本身；对于行为者来说，行动中所遇到的困难、需要解决的问题处于其注意的焦点，所以他们相对更有可能把事件和行为结果归因于外因。

观察时的物理位置同样会影响到归因。假设在一次群体事件中，发生了群众攻击某机构的行为，作为机构代表的调解者，他们注意的中心集中在少数几个站在最前面的人身上，他们很容易把这几个人视为"闹事者"，并作为群体事件发生的原因，认为是少数闹事者煽动了此次群体事件；但是，那些远远关注的看客，可能会认为事件的发生是一群人共同作用的结果，因为远处的看客们观察不到具体人，其关注焦点是整个人群，所以更倾向于从整体方面寻找原因。

二、社会角色

归因者所处的社会角色会影响其归因方向。俗话说"屁股决定脑袋"，讲的也是这个道理。不同社会角色在知觉显著性与信息可得性上有所差别。例如，在教师体罚学生的问题上，教育研究专家掌握更多的教育专业知识，他们可能会认为，教师合理使用惩戒权有利于学生发展；家长不太懂教育理论，但是会根据体罚的效果来判断其合理与否，如果体罚对学生有积极影响，他们会认为体罚是可以容忍的，如果体罚产生了消极影响，他们又会投诉教师使用体罚方法；维权人士则对滥用体罚的现象深恶痛绝。

另外，在对与某种社会角色有关的问题进行归因时，同一社会角色群体也可能存在自我防御性归因的问题。例如，近年来经常有人讨论中国高等教育是否失败的话题，高校以外的人士在讨论这个问题时，更有可能持极端观点，即认为中国的高等教育是彻底失败的；而那些高校教师，与此观点可能截然不同，他们更了解国内外高等教育的差距，却通常不会因此而认为中国高等教育完全失败，他们可能会赞同高等教育制度存在需要改革的问题，但症结不在于自身，而在于教育制度和教育政策。例如，高校教师的待遇过低导致教师不能完全投入到学校教学活动中，或者职称评审制度重科研成果而轻教学表现等。

三、文化对归因的影响

情境会影响人类的归因。文化作为一种宏观情境，对归因行为也具有非常重要的影响。不同的文化会向社会成员传递有差异的归因方式，以美国《独立宣言》为代表的西方社会文化理念认为：社会的存在，是因为它可以帮助个体满足自身的权利与需要，是为个体服务的，个体必须对自己负责；而中国传统的儒家哲学是一种关系哲学，强调个体应担负家庭责任，为整个家族服务。生活在西方文化中的人，更偏好对他人的行为做出性格归因；相比之下，在集体主义文化中成长起来的个体，更偏好做出情境归因。文化对归因的影响很大，其影响机制也相当复杂。

四、归因过程的影响

人们在归因过程中会经历两个具有明显差异的阶段。在归因第一阶段中，人们会立即对行为做出内部归因，就像弗吉尼亚理工大学校园枪击案发生后，普通人很可能认为赵承熙具有严重心理问题或者处于心理病态。提起赵承熙事件，可能会让人联想到卢刚事件，1991 年 11 月 1 日，毕业于美国艾奥瓦大学的中国留学生卢刚博士，开枪射杀了几位艾奥瓦大学教授和 1 名副校长，还有一位和他同时获得博士学位的中国留学生山林华，随后卢刚当场饮弹自尽。当年卢刚事件发生后，也有很多人认为卢刚是"变态杀手"。

在归因的第二个阶段中，人们会根据新出现的信息，不断调整已经做出的内归因，使之能够兼容更多的信息，这样也会使归因看起来更为合理。卢刚事件发生一段时间后，人们的视线逐渐从卢刚自身转向了他的生存环境，开始有人同情卢刚的遭遇，对其行为的归因开始考虑一些情境因素。当然，归因的第二阶段是在人们谨慎思考时发生的，当人们想得到更为全面、更为准确的归因时，便会进入第二阶段；假如没有这种动机，第二阶段也有可能不会出现，归因者将维持第一阶段的归因内容。在赵承熙事件之后，人们没有发现情境中存在合理的解释，似乎第一阶段的内归因已经能够很好地解释枪击事件了，所以第二阶段的归因过程并没有出现。

参考文献

[1] 中国就业培训技术指导中心，中国心理卫生协会. 心理咨询师（基础知识）[M]. 北京：民族出版社，2011：134-137.

[2] 全国 13 所高等院校《社会心理学》编写组. 社会心理学 [M]. 天津：南开大学出版社，2003：145-150.

第六章 社会态度

人人反对偏见，可人人都有偏见。

——赫伯特·斯宾塞（英国）

20 世纪初，随着美国学者开展移民研究以及实验社会心理学的兴起，关于态度的研究迅速发展起来。路易斯·瑟斯顿（Louis Thurstone，1887—1955）首先创立了态度量表的结构，并编制了第一份态度量表，他所创造的态度量表一般称为等距量表。伦西斯·李克特（Rensis Likert，1903—1981）在等距量表的基础上进行了简化，提出了态度测量的李克特量表，直到今天李克特量表依然被广泛使用。瑟斯顿与李克特等的努力，使态度进入到可测量的时代，自 20 世纪 20 年代至今，逐渐成为社会心理学探索的核心领域。正如加德纳·墨菲（Gardner Murphy，1895—1979）在《实验社会心理学》一书中所言：在社会心理学的全部领域中，也许没有一个概念比态度更接近该领域的核心位置。当今最权威的社会心理学期刊——《人格与社会心理学杂志》仍把态度作为三个独立的部分之一。

第一节 态 度 概 述

态度是个体对社会存在所持有的稳定的心理状态。所谓社会存在，指的是与个体有关联的他人、群体、组织、事件、观点等具有社会意义的存在物。我们对身边的人、所属学校、所参与的活动等方面都有自己的看法，这些都属于态度现象。一种态度一旦形成通常会比较稳定，轻易不会发生变化。作为一种心理状态的态度内在于持有者，别人不能直接观察到。但是，态度会影响持有者的意见、看法、观念及其表达，其他人可以通过这些外在表现来推测其性质。

一、态度的构成

态度在日常生活与学术研究中有着丰富的内涵，学者们对其内涵也有多种观点：第一种观点认为，态度是针对目标对象的信念与评价，其把态度视为认知过程；第二种观点认为，态度是与特定对象相联系的积极或消极的情感，因此态度反映的是情绪内容；第三种观点认为，态度是一种行为倾向，是发生特定行为的心理准备状态；第四种观点认为，态度是群体中每位成员所持有的普遍观点，这种观点在群体中具有一定的共识，其会影响个体如何参与社会生活。

综上可见，第四种观点强调了态度所涉及的社会层面的内容，把态度与舆论联系在一起；而另外三种观点都关注了态度在个体层面的表现。态度的 ABC 模型综合了这些关注个体层面的观点，认为态度是由认知、情感、行为倾向三种成分构成的。认知（cognition）成分包括个体对目标对象所持有的认识、理解、知识、信念及评价等方面内容；情感（affection）成分是指个体在评价的基础上所产生的情感体验；行为倾向（behavior tendency）是指个体对目标对象的预备反应，是以特定方式进行互动的倾向性。

在态度的 ABC 模型看来，态度的三种成分通常是协调一致的。例如，当人们认为目标对象有益时（认知成分），就会对其产生积极情感，并在后继行为中对其持有积极的行动倾向，表现出乐于接近或者产生行动趋向。但有些时候，三种成分也可能存在不一致的情况，就像烟民对待烟的态度那样：认知层面上知道吸烟有害健康，但是在情感上又难以割舍，因为戒烟时的戒断反应会带来很难受的体验（情感反应），行为倾向上表现为既想吸烟又担心吸烟有损健康。当三种态度成分存在矛盾时，通常情感成分起主导作用，它能决定态度的整体性质以及其后的行为倾向。

具有一定社会经验的个体通常具有非常丰富的态度，而不同的态度之间又会发生有机的联系。例如，关于健康的态度会直接与关于烟酒的态度、关于运动的态度之间发生联系，个体的态度会通过或直接或间接的联系而构成态度体系，即使看似不相关的态度之间也可以通过中介态度发生间接联系，完全孤立于体系之外的态度是不存在的。

二、态度的类型

作为一种心理状态的态度，可以按照其意识程度分为外显态度和内隐态度；按照态度形成的基础可以分为以认知为基础的态度、以情感为基础的态度和以行为为基础的态度。

（一）按照意识程度分类

按照态度的意识程度，可以将态度分为外显态度和内隐态度两类。外显态度是指个体有意识的态度内容，可以通过自陈式量表进行直接测量。日常生活中最为常见的态度形态，如对房价的态度、对物价变化的态度等，都是外显态度，人们可以直接描述其事实，抒发与之相关的感受与体验，并表达自己的行为倾向。换言之，人们对自身的外显态度具有明确的意识性和控制性。外显态度是经过认知加工或者有动机的思考而形成的，外显态度形成之后，持有者对其属性具有清晰的了解。

与外显态度不同的是，内隐态度的意识程度要低得多，持有者通常没有意识到它的存在，甚至可能会否定其存在。但是，研究者却能够通过一些间接测量方法确定其现实性。例如，不少美国人往往认为"黑人是暴力的"，但在这种态度的持有者中，有些人根本没有意识到自己有这种态度，他们在外显态度中可能认为黑人与白人没有什么不同，然而在潜意识中却把黑人与暴力联系在一起。[1]在中国人身上也会经常表现出与性别有关的内隐态度。例如，有的人在外显态度中认为"男性与女性应该是平等的"，但是，当他们在招聘员工或分配报酬时，往往又会无意识地偏向男性，这种现象通常是他们在内隐态度中认为"男性比女性更能干"造成的。

社会文化对内隐态度的形成具有潜移默化的影响，多数内隐态度来自文化中的既有成见，而非基于个体的直接经验而形成。以地域偏见为例，很多国人身上都有地域偏见的表现，人们普遍认为不同地域的人有着不同的性格与特点，即使对于某个遥远的省份，从未与其群体发生过接触，人们依然能对其地域性格侃侃而谈。这种地域态度通常来自文化偏见的传习，而文化中的偏见既可以代际传递，又可以在不同个体间进行传播。在我国先秦寓言中存在一种"宋人偏见"的文化现象，从孟子到庄子，从韩非子到吕氏春秋，在讲寓言时常用宋人代表愚人形象，于是拔苗助长、吮痈舐痔、守株待兔、智子疑邻、澄子亡缁衣等故事都以宋人作为愚蠢的主人公。如今随着地域区划的变迁，"宋人偏见"似乎又有了新的表现形式。

（二）按照形成方式分类

人类生而具有一些偏好，但这些偏好都不算是态度，社会经验在态度形成过程中发挥着非常重要的作用。人们必须经历后天的各种社会经验，才能形成具体而丰富的态度，其中有些是基于认知经验而形成的，有些是基于感情经验而形成的，有些是基于行为而形成的，不同来源的态度也具有不同的特征。

基于认知而形成的态度较为常见。例如，当人们发现一本书或一套综艺节目很有趣时，就会产生反复接触的行为倾向，进而在不断接触中产生积极情感，最终形成了关于该对象的整体态度。这种态度中既包含最初的评价与认识内容，也包含愿意进行接触的行为倾向，还包含着积极的情感内容。在这类态度中认知成分是核心，基于认知成分而产生相应的情感及行为倾向。因此，一旦认知成分发生变化，情感与行为倾向通常也会发生变化。

有的时候，态度的形成始于行为，人们需要通过自己的行为来发现自己对客体的情感与行为倾向。自我觉知理论认为，在某些情境中，人们需要根据自己的行为来判断自身状态。例如，有人问道：你的哪种感觉通道在学习中占优势？为了回答这一问题，你不得不思考自己更习惯于使用哪种感觉通道来学习，当你发现自己更喜欢通过看书和视频来学习，但对于听觉材料却不太敏感时，才能确定自己更有可能是视觉信息优势学习者。有些态度来源于对行为的觉察，以同性恋者对同性恋的态度为例，他们一般不是由于特定态度而选择成为同性恋，而是在发现自己是同性恋之后，形成了关于同性恋的特定态度。

日常生活中经常存在态度模糊不清的情况，此时人们会根据自己的行为来判断或形成相应态度。例如，某人经常听同一类型的歌曲，在他意识到这种行为倾向后，很可能会认为自己喜欢这类歌曲，进而形成相应的态度。对于那些由于特定态度而引发的行为，人们会有明确的解释，他们知道自己为什么这样做。然而，当有关态度还没有形成，人们对自己的行为没有其他合理的解释时，他们会以现有行为作为基础来形成相应态度。

以情感为基础的态度不是基于事实或行为而形成的，而是基于特定的情感体验或感受。例如，当有些人在选择家用电器时，并不考虑性能或功耗等技术参数，而是从审美倾向或价值观出发进行决策，他们选择的理由经常是"这款电器的样子让人赏心悦目""我相信海尔电器的品质是最好的"等。以认知为基础的态度来源于相关事实，而以情感为基础的态度来源于感觉、情感体验和价值观，即便关于态度客体的事实发生变化，其对态度的影响也不大。以计划生育为例，中国是世界上人口最多的国家，自 20 世纪 80 年代以来严格地执行计划生育政策，该政策大大地遏制了我国人口增速，为社会稳定和经济发展做出了重要的贡献。但是，有人却对计划生育持否定态度，认为该政策是反人性的、过度干预了个体的自由，等等。他们的态度可能基于"生育是人的基本权利"这样的价值观，也可能基于他们对具体的计划生育事件的切身感触，对于持此类态度的人，计划生育政策维护了中国社会稳定的事实，并不能改变他们基于情感而形成的态度。

三、态度的功能[1]

心理学领域的功能论者认为，个体的态度既然如此丰富，那么，其必然有着重要的心理功能。态度具有认知、情感和行为倾向三种成分，三者应各有其功能，态度的认知功能可以影响到个体对行为所造成后果的解释，态度的情感功能决定了个体的行为目标与期望，态度的行为倾向机能则驱使个体趋向或逃避特定的客体。而丹尼尔·卡茨（Daniel Katz，1903—1998）等提出的态度功能观点得到了较为普遍的认可。

（一）态度具有功利性功能

功利性功能也可以称为适应性功能或工具性功能，是指态度可以用于衡量客体的价值，那些个体持有积极态度的对象，都意味着它对态度主体更有价值，或者可以帮助个体解决某些类型的问题，或者能够给个体带来某种益处。就好像在成语"远亲不如近邻"中，人们对近邻的态度更为积极，那是因为在生活中，近邻能够提供的帮助比远亲更多，其工具性功能更高。而远亲不如近邻的态度，正好反映了两者在功利性价值上的差异。

态度可以帮助人类适应社会生活，它能够标识出社会客体的不同功能与价值高低，并把这种功利性功能反映在行为倾向上，个体借此来实现趋利避害。把精力与资源投入到最有利的对象身上，无疑可以帮助人们适应社会生活，但值得注意的是，个体的态度并非完全理性，而是根据不同类型的直接或间接经验而形成，有时它的功利性功能可能会存在偏差。例如，那些经常指出你行为缺陷的朋友，与那些经常赞美你的朋友相比，个体通常对后者的态度会更为积极，因为这样可以维持自我价值感，这对于生活满意度来说非常重要。不过就个体的长远发展来看，前者的潜在作用与发展价值更大。然而多数时候，态度并不能反映出这种潜在的重要价值。

（二）态度具有自我防御功能

在生活中常有这样的现象，大学一年级新生刚入校时，常对自己的学校或专业不满意，他们可能会对学校与专业表达出消极的态度。但随着时间推移，个体对学校、对专业的态度开始转变，当他们毕业之后，对母校和所学专业的态度通常会变得相当积极，当别人批评其母校或所学专业时，他们会尽力为之辩护。这种态度变化很好地反映了其自我防御功能。当母校或者所学专业成为自我的重要符号时，积极的态度有利于树立良好的自我形象，而消极的态度则会减损自我价值。

已有态度通常会支持个体良好的自我形象，相反，如果已有态度不利于自我价值的确立，则有可能会引起内在焦虑。例如，当一个人认为自己的孩子很没有教养，而自己又没有办法改变时，或者认为自己所在的工作单位非常差，但是又没有能力找到别的单位时，往往会因此而感受到自我价值感受到严重威胁。这实际上也可以理解为态度间失调，人们有多种方式消除态度失调所造成的不愉快体验，当一种态度指向核心自我，又很难通过认知调整来达到态度协调时，个体就会陷入焦虑之中。因此，在态度的自我防御功能作用下，绝大多数时候我们的态度是协调一致并且能够支持自我价值的。

（三）态度具有价值表现功能

在态度体系中，相对抽象的态度居于态度体系的上位，越是上位的态度越接近价值观。价值观是个体的核心信念体系，其与态度的区别在于：态度更为具体，与特定对象相联系，而价值观更为抽象，不指向特定对象，它是个体评价客体价值的普遍准则；评价是态度认知成分的核心要素，而做出评价必须以价值观作为基础；价值观对行为的影响是间接的，必须通过影响态度来影响行为，而从根本上看，行为中所反映的态度，能够表现个体的价值观。[1]

个体通过展示态度来表现价值观的行为，具有重要的社会功能。价值观的表现是价值传播的基础，只有社会成员具有相同或相似的价值观时，社会互动与社会关系才能和谐顺利；相反，如果多元价值观相互冲突，被一些成员所重视的传统，却被另外一群成员所鄙视的话，那么社会必然无法保持稳定与和谐。人们经常喜欢向别人表明自身态度，或者通过行为来展示态度，如通过购买行为来体现对审美的追求或者对更强性能的追求等，而这些态度背后所展现的不同价值观，通过显示态度来表现内在价值，是态度非常重要的功能之一。

（四）态度具有认知引导功能

态度包含认知成分，同时也具有认知引导功能。一种态度一旦形成，就会引导个体选择性地理解并相信某些信息，同时选择性地怀疑或否定某些信息。例如，一提起传销，人们经常会想起"洗脑"一词。那么，到底什么是洗脑呢？对于传销活动来说，所谓洗脑就是指让人形成一种稳定的态度：从认知方面相信传销是有益的、能够帮助自己发家致富；从情感层面让人形成对传销活动的积极体验；从行为倾向上，让人表现出进行传销活动的预备反应来。做到这些以后，就可以说完成了洗脑，被洗脑的人回到自己的生活中以后，会积极地开展传销活动。当有人试图说服他传销本质上是一种"金字塔骗局"时，被洗脑者通常不愿意接受这些说法。其根本原因在于，已有的稳定态度会让人怀疑甚至否定与原有信息不一致的事实。态度一旦形成，在未经改变的情况下，总是会引导个体选择性地相信与其相符的事实，同时让个体怀疑与已有态度不相符的事实。

第二节　态度形成理论

前文中谈到态度的形成具有多种可能的路径，然而从婴幼儿的发展来看，基于行为的态度最为常见。态度的形成与人的社会参与密不可分，婴儿从母体分离以后，长期需要得到成人的照料与抚养，才能成长发育为成熟的社会个体。在其成长过程中，他们通过与抚养者互动，吸收了社会知识，内化了社会规范，与此同时也习得了各式各样的态度，并且逐渐形成了自己的价值观。在此过程中，很多态度的习得都是从行为开始的。

赫伯特·凯尔曼（Herbert Kelman）提出的态度形成理论，较好地解释了以行为为基础的态度是如何形成的。他认为态度的形成包括三个阶段，分别是依从阶段、认同阶段和同化阶段。这里用一个例子来阐述他的态度形成理论：为什么一名 5 岁的儿童会喜欢看关于天体运行的纪录片。[2]

(一) 行为依从阶段

行为依从阶段是指在行为上与榜样或重要他人保持一致，以便能够获得奖励、避免惩罚。儿童在道德观念上处于前习俗水平，其重要特征是行为上讲究趋利避害，做那些对自己有利的事情，回避那些对自己不利的行为。态度形成主体之所以采取依从行为，不是基于对态度对象的情感认同，也并非源于事实上的真假判断，而是通过与榜样保持行为的相似，借此获得重要他人的赞扬或物质方面的奖励。因此，依从阶段的行为不是态度主体的真实意愿，而是一种趋利避害的工具行为。依从阶段主要是行为习惯的养成。

对于一名 5 岁的儿童来说，有关天体运行的纪录片可能过于复杂，因此很难产生真正的兴趣，低龄儿童往往更喜欢看色彩鲜艳、内容简单的动画片。但是，如果父亲非常喜欢看这类节目，儿童陪着父亲一起看，不但可以听到父亲对节目内容的讲解，还有可能会得到父亲的夸奖；相反，如果儿童非要抢着看动画片的话，则可能会导致父亲不满，甚至受到"明天不去动物园"之类的威胁。若干次相似的经历后，儿童会感受到父亲的态度及其坚决性，正常情况下他会与父亲妥协，在上演纪录片时陪着父亲一起看，而其他时间则看自己喜欢的动画片，这样的行为对他来说收益最大化，而此时他也开始处于态度形成的依从阶段。

(二) 情感认同阶段

情感认同阶段的特点是：在情感层面上认同榜样的做法，对态度的对象也开始产生积极的情感认同。在情感认同阶段，态度主体不是被迫与他人保持一致，而是自愿地与他人保持一致。从行为依从到情感认同的转变中，态度对象的吸引力是非常关键的影响因素，只有态度主体能够感受到其吸引力时，才会产生情感的认同。

5 岁的儿童在开始的时候一定看不懂天体运行的纪录片，但是，随着行为依从的多次发生，父亲如果耐心地讲解有关天体的基本知识，多次接触此类节目，儿童开始对它有了基本的认识和初步的兴趣，这类节目逐渐对他具备了一定的吸引力。当看这类节目能够带来乐趣的时候，该儿童在态度形成上就进入了情感认同阶段，即使父亲不在场的情况下，他也会自发地看这类节目。当对态度对象产生兴趣，具有情感认同时，态度便从行为依从阶段转入情感认同阶段。

(三) 认知同化阶段

在认知同化阶段，态度主体真正从内心相信并接受榜样的观点，同时将有关态度客体的信息、事实等认知内容，同化到已有的态度体系之中。到了认知同化阶段时，一种态度才算真正形成。例中的 5 岁儿童在经历了前两个阶段后，当他形成了对天体运行节目的认知内容后（如形成了关于自己最喜爱节目的排序、每种节目的特点等），他对此节目的态度就全面形成了。

从凯尔曼的态度形成理论中可以看出，在行为依从阶段中，行为成分起主要作用，态度形成主体表现出与榜样一致的行为；在情感认同阶段中，情感成分起主要作用，态度客体对态度主体产生吸引力后，主体对客体产生了积极情感；在认知同化阶段中，认知成分起主要作用，态度主体不但有了行为表现和情感认同，而且形成了关于客体的认识，这种认识与态度体系中的其他认知成分相互联系，此时新的态度已经纳入原有态度体系之中，并且通常可以保持长期稳定。

第三节　态度转变

态度具有三个特点：第一是其内在性，无论其意识程度如何，态度都内在于主体的心理结构之中，其他人无法直接观察到，只能观察到态度的外在行为表现；第二是对象性，态度具有对象指向，是相对具体的；第三是稳定性，一种态度一旦形成，通常不会轻易改变。但是在某些情况下，已经形成的态度也有可能发生变化，这种态度的变化过程称为态度转变。

一、态度转变模型

在心理学家卡尔·霍夫兰德（Carl Hovland，1912—1961）看来，态度转变的最直接原因是信息传递，他与合作者共同提出了态度转变模型。该模型提出，态度的转变涉及四个要素：传递者、信息、接收者和情境。传递者是具有信息并进行传递的个体，他所传递的信息促成了接收者的态度转变；信息的传递是态度转变的最直接原因，当接收者接触到新信息时，如果新信息与态度中原有信息不一致，接收者就需要分析哪种信息更为可靠，一旦他接受新信息，原有态度会随之发生转变；信息接收者是态度转变的主体，只有当主体愿意接受新信息时，态度才会发生转变；最后一个要素是信息传递的情境，接收者在何种情况下接触到新信息，其当时的心理状态如何，都有可能会影响到态度转变过程。

二、态度转变的理论[1]

态度转变模型从信息传递的角度出发，提出了态度转变的最直接原因，即信息传递。这是该模型的核心观点，确实可以解释很多种态度转变的情况。但是，它没有具体解释态度转变的机制，如传递的信息是如何具体地促进态度发生转变的。现有几种态度转变理论详细解释了态度转变过程。

（一）认知失调理论

态度转变模型强调信息是态度转变的直接原因，却没有具体解释信息如何在个体的态度转变中发挥作用。费斯汀格提出的认知失调理论从个体的认知失调出发，对态度转变中的信息如何发挥作用做出了有力的解释，该理论也是第二次世界大战以后最为重要的社会心理学理论。

费斯汀格认为，每个人都有很多认知成分，这些认知成分与自我、他人、环境和观念等方面相关，认知成分之间相互关联，构成认知网络或认知图式。正常情况下，认知图式的内部是整体协调一致的，尤其是直接发生联系的认知之间一般不会相互矛盾。然而随着新信息的传播与输入，可能会导致原有认知图式失调。失调的严重程度与两个方面有关：一是失调认知的数量多少，二是失调认知的重要程度如何。失调的认知数量越多、意义越重大，认知失调的程度也就越高，其所带来的紧张感也越强。

举例来说：某人非常注重健康，他认为蔬菜对健康最有益，所以，他基本上只吃蔬菜而不吃肉食，此时，他的认知与行为知觉是协调一致的。但是，当他知道权威研究发现"饮食均衡最为重要，蔬菜与肉食平衡对健康更为有益"时，如果他接受这种权威的发现，新信息与原有认知（或与原有认知保持一致的行为方式）就会发生矛盾。这种矛盾会导致心理压力，造成紧张与不愉快的感受。关于健康的认知越重要，这种紧张与不愉快的感受就会越强。相反，如果对健康的关注程度一般，有关健康的认知不重要的话，即使感受到认识失调，其紧张感也不会很强。

费斯汀格认为，导致认知失调的常见原因有如下几种情况：首先是认知成分之间发生逻辑矛盾。例如，当我们认为某人既是善良的人，又是邪恶的人时，两种观点并存违反了逻辑上的矛盾律，因此会产生认知失调。其次是来自不同文化价值观念下的认知冲突。在多元文化背景下，这类认知失调也很常见。例如，在中国传统文化中，父母对不听话的孩子具有惩戒权，体罚是家庭教育的一种重要形式，在某些情况下，如果孩子不听话，父母不对孩子实施体罚甚至是严重失礼的行为；但是，类似的体罚行为在美国则可能受到社会和法律的干预。所以，当中国人移民到美国后，其"对于教育子女是否应使用体罚"的问题可能会面临认知失调的问题。再次是不同观念间的冲突也可能导致认知失调。即使在同一种文化内部，来自不同领域的观念也会发生矛盾与冲突。例如，一位丈夫为了救得病的妻子而伪造医疗保险文件，那么他的行为是否可以被谅解呢？从法律角度来说，违法的行为必须受到制裁，唯有如此才能保证社会秩序正常运行；从人道主义观念出发，救人是最为重要的事情，违反法律可以得到理解。所以，每当社会上出现类似新闻时，人们总是争论不休。如果个体没有协调好来自不同观念的认知，会体验到认知失调。另外，当新经验与旧经验不一致时，个体会体验到认知失调。人们的生存环境在发生变化，客观上要求行为随之而调整，当新经验与原有经验不协调，而个体暂时又不能解释其中原因时，认知失调也会发生。

认知失调的发生具有文化差异。中国学者李强在总结自己的研究时发现：中国人具有心理二重区域，一重心理区域仅针对自我或自己人，另外一重心理区域针对他人或陌生人。两重心理区域的言语与行为准则都有所不同，所以，可能会出现一个人在不同场合中表达相悖观点的情况。在某些文化看来，这是不诚实的表现，当事人会体验到认知失调，因为他宣布了自己所不认可的观点。然而在中国文化下，在面对自己人与陌生人时发表不同观点是因为所遵循的潜在规则不同，而这种规则在一定程度上又被文化所认可，所以，当事人基本上不会体验到认知失调。

认知失调虽然存在文化差异，却是一种非常重要的个体心理现象，无论东方人还是西方人都会有认知失调的情况。当个体处在认知失调而导致的紧张状态时，就会产生消除认知失调、缓解心理紧张的动机，以便达到认知系统的平衡状态。这是人的自然反应倾向，是趋利避害本性的直接表现。每个人都经常使用一些方法降低认知失调导致的紧张感，最简单的方法是，接受一种信息或认知，而否定与之相反的信息或认知。

例如，当一个人只喜欢吃肉而不吃青菜时，有人却告诉他说吃肉过多对健康有损，那么，他会怎么做呢？如果他能够调整膳食结构达到平衡状态时，实际上是否定了先前的行为模式及其背后的"吃肉对身体好"认知；如果他无法做出这种改变，否定"吃肉过多有损健康"的信息也能达到认知协调。第二种方法是增加新的认知，使失调的认知成分之间协调起来。还是前例来说明：如果此人认为"吃肉过多是否有损健康取决于个人体质差异，而自身体质需要补充更多蛋白质，因此无害"，这种新的认知可以在不改变原有认知的情况下，使二者重新协调起来。第三种方法是降低失调认知的重要性。例如，认为吃肉过多虽然不好，但负面影响不大，自己吃肉量虽大却正在不断减少。这样通过降低失调两方认知的强度，也可以缓解心理紧张。

认知失调理论探讨了个体认知图式中不同认知成分之间协调或失调的关系，而态度的形成往往是以认知成分作为核心的。因此，认知失调所导致的认知改变会影响与认知成分相关的情感体验和行为方式，进而带来态度的转变。可以说，认知失调理论从态度转变模型出发，具体分析了信息传播所带来的认知改变，以此作为基础来解释态度协变的机制。

（二）平衡理论

认知失调理论依据个体认知体系的矛盾与失调解释态度转变问题，而海德则分析了人际关系在态度转变过程中的影响。海德没有否认信息传递对态度转变的作用，不过他更加重视促进态度转变的信息是由谁来传递的。海德提出的平衡理论认为，人与人之间的关系在态度转变中发挥着非常重要的作用。在海德看来，态度转变的实质是主体通过改变态度来实现人际关系平衡。人与人之间的关系大体可以分为三种情况：一是彼此间没有联系，这种无人际联系的情况对态度转变的影响很小；二是彼此间具有积极的情感联系，如朋友关系或亲密关系；三是彼此间具有消极的情感联系，如敌对关系。后两种人际联系状态更能促进态度转变。

海德认为，彼此发生联系的个体之间，具有态度一致的必要。例如，在两个好朋友之间，指向同一客体的态度只有相同或相近时才能平衡，如果他们态度有分歧，则可能会引起矛盾，甚至破坏原有关系的平衡。再例如，对于两个全面敌对的个体，指向同一客体的态度应相反，才能使他们之间的态度保持平衡，如果他们的态度完全相同，也会使原有敌对关系发生不平衡。"凡是敌人反对的我们都赞成，凡是敌人赞成的我们都反对"这句话在生活中很可能是不对的，却反映了态度在有关系的两个具有特殊关系的人（或群体）之间要平衡的道理。

平衡理论认为，在态度与关系平衡时，个体的态度没有转变的压力，一旦平衡关系被破坏，个体就有了转变态度的压力。在转变态度时，往往遵循人类行为的基本原则，即理性原则，表现为个体试图做出最小的改变，以达到平衡的效果。此时，要么改变自己的态度，要么改变与另外一个态度主体之间的关系性质。个体选择哪种方式，取决于他内心认为哪种方式费力最小。

海德的平衡理论在生活中能够解释甚至解决不少问题。举例来说：为什么在微信朋友圈里的信息，比一般的论坛信息更容易得到大家的信任和转发？这是由于为了保持关系的平衡，人们有"必要"相信来自朋友的信息；而面对一般论坛的信息则没有这样的压力，人们则更倾向于做出客观的判断。现在请思考这样一个问题：当你和恋人或亲人就一个重要的问题发生分歧之后，怎样做才更能解决问题呢？海德的平衡理论提示我们："冷战"通常无法实现理想的效果，当重要态度有了分歧之后，通过强化原有关系，使关系更加积极的做法，才有助于解决问题；一味吵闹要求对方顺从自己，反而有可能破坏关系。

友好的关系与敌对的关系，都有助于促进态度的转变，但两者的效价又会有所差异，友好关系促进态度转变的强度更高，而敌对关系促进态度转变的强度相对要低。就像在很多时候，我们可以容忍与关系紧张的人具有相似性，却很难容忍与好朋友之间具有重要的分歧那样。

（三）理性选择理论

理论选择理论从社会交换理论中汲取了具有启发性的观点，提出个体的态度具有趋利避害的功能，而态度转变也是理性选择的结果。个体在特定的环境下，通过比较各种态度的得与失，会产生对不同态度的趋向或回避的动机。理性选择理论认为，个体的态度是否转变以及如何转变，取决于外界诱因的强度；个体对外界诱因的理性选择，是对其结果得失进行比较与权衡后做出的。

理性选择理论可以解释那些在生活中善于做理性分析者的态度转变情况。在《战国策》中有这样一则故事：秦向东周国君索要九鼎。因为鼎是国家的象征，东周国君不愿意献出鼎，却又担心秦的威胁。这时谋士颜率提出，他愿意去向齐王求助，抗秦护鼎。齐王见到颜率后，态度非常明确，不愿意参与其中做这种费力不讨好的事。但颜率晓之以利，表示东周愿意向齐献出九鼎，而且齐国帮助东周还可以获得扶危济困的好名声。齐王因此改变了态度，决定帮助东周护鼎。当秦退兵后，齐王又来索要九鼎，东周国君一样是不想给。颜率再次出使齐国，他先问齐王想怎样把九鼎从东周运回齐国来，齐王早已想好这个问题，表示想借道于魏国，颜率说魏国君臣觊觎九鼎很久了，如果借道于魏国，九鼎肯定无法运回齐国；齐王又想着借道于楚国，颜率同样说楚国君臣也谋划着要九鼎，借道于楚同样行不通。齐王开始意识到东周其实不想给他九鼎，于是就反问颜率：你认为我应该怎样把鼎运回齐国呢？颜率说：我也正在为大王担心这个问题，九鼎不像小东西那样，挟在腋下就可以带回来，当年周灭商之后，为了把九鼎从商都运回周都，一共动用了八十一万人；即使您有这么多人力，又能选择哪条路线把九鼎安全运回来呢？齐王听了这些话，彻底明白自己上了颜率的当，但是又没有什么办法，只好放弃了向东周要九鼎的想法。

在上面的故事中，齐王的态度多次发生改变，都是由于听到颜率所提供的信息以后，对诱因做出分析的结果，最后当他知道没有办法把九鼎运回齐国时，虽然也很生气，却也做出理性的选择，放弃了索要九鼎的态度。在《战国策》这本书中，类似的案例还有不少，其中有关态度转变的现象，都可以使用理性选择理论来解释。理性选择理论具体分析了信息传播改变态度的过程，个体在接收了新信息后，通过比较与分析不同态度与行为的得失情况，选择了最能获益的态度。

第四节　影响态度转变的因素

前述几种态度转变理论从不同角度出发阐述了态度转变在某个环节上的具体机制。对个体来说，态度转变过程是复杂的，受到诸多因素影响。在这些影响因素中，有些因素会促进态度的转变，有些因素则会让个体抑制态度的转变。如果依据态度转变模型所提供的四要素来划分的话，可以从如下几个方面来看。[2]

一、传递者因素

传递者发生的信息是否能促进接收者转变态度与其自身特性有关。首先，传递者的吸引力具有较大影响。如果传递者具有吸引力的话，接收者更容易接受其信息；如果传递者没有吸引力的话，其发出的信息则没有特殊影响；如果传递者不但没有吸引力，而且还让接收者排斥的话，其发出的信息则可能受到抵制。就好像做减肥产品的广告，如果广告模特的身材非常具有吸引力，受众可能会幻想自己变成如此，而容易接受这种减肥产品；相反，如果广告模型身材肥胖，那么，无论他如何宣扬这种产品的减肥效果，都很难得到受众的认可。吸引力的来源既可以是外在的（如仪表或身材），也可以是内在的（如价值观与人格魅力）。在初次见面或者没有深入交往的情况下，外在的吸引力对态度转变的影响更大，在大众传媒时代，绝大多数明星或网络名人都具有明显的外在吸引力；而对于身边的人来说，内在吸引力通常会更大。

传递者的威信也会影响到态度的转变。具有威信者所传播的信息，更容易被他人所接受。对于学龄前儿童来说，父母是其心目中的权威；对于学龄儿童来说，老师是其心目中的权威；对于专业人士来说，其所在领域中也各有其权威。权威所发出的观点及其信息的影响力会更大，容易促进受众的态度转变。例如，成名以后的爱因斯坦与霍金所提出的关于宇宙的观点与态度，都更容易被人们所接受。当爱因斯坦提出要研究大一统理论后，绝大多数人对该理论都持有积极的期望，他的理论威信影响了人们的态度，但该理论在今天看来是有问题的，因而很少有人再提起它。

在传统社会中，基于传统或宗教力量的权威人士在各方面都有其威信，他们既可以指导地区的政治事件，又可以规划人们的日常生活。而在现代社会中，威信对态度的影响往往来自特定领域，一位政治家的政治威信无论有多高，都无法让受众轻易相信他所提出的物理理论。这种不同可能源于现代社会更加讲究分工，并且人们倾向于认为精通各个领域的通才几乎是不存在的。

二、信息接收者因素

信息接收者是态度改变的主体，一种信息只有被主体接受以后，才有可能引发态度转变。接收者具有自己的价值观、人格特征、心理特点和思维方式，他们会对信息做出自身的解读，并决定是否需要改变态度，或者做出其他认知决策来达到态度的平衡。不同主体在面对相同信息时，很可能会产生不同的反应，这种现象必须从信息接收者自身特点来做出解释。

（一）人格特征

人格是个体稳定的心理特点以及习惯化的行为模式，是人对环境刺激做出反应时的风格化特征。信息接收者的人格特征会影响其对信息的反应方式，独立性强的个体对外界信息的接收常持审慎态度，他们一般不会轻易改变自身态度；相反，依赖性强的个体对外界信息的反应与环境具有密切关系，他们更有可能以别人的态度作为参照，来考虑什么样的态度更为合适，因此，他们的态度容易随着周围人的观点而变化。

人在群体环境中成长，会习得对一般化他人偏好的关注与顺从，个体通常选择那些被他人所期望、接受或赞扬的行为，这样的行为会让人们得到社会的肯定和他人的认同。一种态度或行为，越是被大多数人所肯定、接受与赞扬，那么，其社会赞许性也就越强。具有高社会赞许性的态度与行为，更容易被个体所接受，做出与众不同的行为或持有特立独行的态度往往需要付出更大的代价。因此，社会赞许性动机越强的个体，越容易根据环境的要求而放弃原有态度，对他们来说，态度转变可以作为获得他人认同与社会肯定的手段。

自尊与自信的程度也会影响到态度的转变。自尊与自信是自我概念的两个重要方面，自尊是个体对自己所扮演的社会角色效果的综合评价，自信是个体对自己心理状态和社会角色的积极评价。那些认为自己很好地扮演了特定社会角色的个体，会由此产生自信与高水平的自尊，他们在面对与别人的态度分歧时，通常首先会怀疑别人的判断与态度，除非有确凿的证据表明其态度并不适宜，一般不会轻易怀疑自己的态度。

（二）原有态度

个体原有的态度对其态度的转变具有重要的影响。原有态度不是零散地存在于人类的头脑之中，而是构成有联系、有层次的态度体系。原有态度之间是相互联系的，有些是直接联系，有些则是间接联系。任何一种态度转变，与之相关的态度都有可能受到挑战，因此态度转变对于个体来说是非常重要的心理变化。如果原有态度在态度体系中居于核心位置，与个体的生活信仰与价值相互支持的话，个体在改变这类态度时会非常谨慎，因为那将意味着心理结构的重大改变，是件非常痛苦的事情，通常发生在经历了重大生活事件之后。

如果原有态度已经是既成事实无法改变的话，人们通常不会改变其态度。例如，对于一位有着 20 年烟龄的老烟民来说，说服其接受戒烟的态度是非常困难的，长期吸烟使之在考虑戒烟时会感到焦虑，即使现在放弃吸烟，以往的吸烟行为所造成的损害也已无法改变。此时否认吸烟有害健康，保持原有的对吸烟积极的态度反而更能减少心理上的失衡。

如果原有态度能够满足个体的某种需要，个体一般不会轻易转变。例如，对于随意设点摆摊的小贩来说，他们一般不愿意承认自身行为是对公共秩序的扰乱，因为摆摊行为与生存需要密切相关；如果他们没有其他地方可以摆摊的话，他们会保持原有态度：摆摊既是不可剥夺的生存权利，也是为了方便周围人。因此，当你想改变一种与他人重要的生活需求密切相关的态度时，那将是非常困难的，除非你能想到满足其需要的更合理方式，否则必然会受到态度主体的强烈抵制。

（三）固有心理倾向

人类在适应社会与自然生活的过程中，形成了一些固有的心理倾向，并在代际间进行传递。这些固有的心理倾向也会影响到态度主体对外界信息的接受以及态度的转变。人具有保持内在心理结构稳定的惯性，心理状态的改变是个体行动的自然结果，然而心理结构的改变，意味着放弃曾经相信的事实，从某种程度上讲是对自我的否定，在其过程中人们可能会感受到心理的痛苦，因此保持心理惯性就具有特定的意义。在说服他人转变态度的过程中，我们应该特别注意态度转变主体的心理惯性问题，如果能够尽可能少地改变某些态度成分，转变态度的可能性会更大；如果所需要转变的态度成分较多或者非常重要，则应考虑慢慢促进其态度转变，尽可能地保持其心理惯性。

心理惯性是保持心理结构稳定的内在需求，而保留面子则可以理解为维护自尊水平的表层需要。如果在劝导个体做出态度转变时，威胁到了态度主体的自尊，那么，态度主体为了维持高水平的自尊，很可能会拒绝接受对方的信息，拒绝转变自身态度，即使他从认知上承认说服者的信息是正确的。因此，在说服他人转变态度时，要注意维护态度主体的自尊，考虑到原有态度的价值及其合理性，并适时地指出新态度的更大价值，将有利于促进态度转变。父母在说服子女时尤其需要注意考虑到他们的逆反心理。在《圣经·创世纪》中描绘了一则有关逆反心理和说服的故事：上帝要求亚当和夏娃不能吃善恶树上的果子，原因是吃了必然会死；上帝做出了一个不言明理由的禁止，实际上更有可能激起作为人类的亚当和夏娃的探索心理，这种现象有时又被称为禁果逆反。试图引诱他们的蛇，实际上正是利用了这种禁果逆反心理，才劝导夏娃改变了最初的态度，并尝试了树上的果子。

（四）对传递者的分析

传递者发出信息时，接收者也不是完全被动的，他也会分析传递者的意图，据此来分析收到的信息是否可信，因此传递者的意图也会影响到受众的态度转变。如果信息接收者认为传递者是在刻意地影响他，那么，所接收的信息对态度改变的影响力会降低；如果信息接收者认为传递者不是刻意影响他，那么，信息对态度改变的影响力更大。以监狱的矫正教育为例，矫正者为了转变罪犯的态度，会向其传递大量新信息，接收信息的罪犯则会分析矫正者传递的信息的意图。如果他们认为矫正者所传递的信息是客观的，不是为了向他们展示权力或者控制他们，那么，他们接受信息进而转变态度的可能性更大；如果他们认为矫正者所传递的信息是虚假的，其背后的意图是想控制他们或者向他们展示权力，那么，他们接受信息并转变态度的可能性更小。

态度转变的主体也有可能会分析传递者基于何种立场传递有关信息，因此，对传递者传播立场的分析，会影响到信息接收者转变态度与否。如果接收者认为传递者立足于自我服务立场，那么，其所传递的信息能够促进态度转变的影响力小；如果他认为传递者立足于自我牺牲立场，那么，其所传递的信息能够促进态度转变的影响力则大。这就好像有两位房地产界的领军人物，他们对中国房地产价格走势进行预测：有一位坚称中国房地产会持续涨价，另一位则一直认为中国房地产应该降价或者保持平稳。对于那些想要买房的人们来说，他们会更愿意相信谁的话呢？宣称房地产应该涨价的房地产商人，在受众看起来是一种自我服务的立场，而认为房地产应该平稳或降价的房地产商人，更接近于一种自我牺牲的立场，如果受众不分析房市的经济特点的话，他们往往更愿意相信后者，形成房子价格应该保持平稳或下降的态度。

三、信息因素[1]

在态度转变模型中，信息被视为导致态度转变的最直接原因。另外，来自信息本身的特征也会影响到态度转变过程。

（一）信息差异

态度转变是在主体已经形成了特定态度之后发生的，原有态度中已经具有了与之相关的信息，劝导者所传递的新信息与原有信息之间会有差异。新旧信息差异过大时，态度主体很难使用新信息融合已有经验，容易产生对新信息的排斥；当新旧信息差异过小时，态度主体可能会用原有态度同化新信息，因此不会发生态度转变；当新旧信息差异适中时，态度主体无法用原有态度同化新信息，同时新信息也并非无法接受，此时所造成的态度改变是最大的。但是，有些时候劝导者不得不传递与原有信息差异很大的新信息，在这种情况下，如果信息传递者具有高度权威更有可能引发态度转变；然而，具有高度权威者在传递较小信息差异时，反而不容易引起态度主体的态度转变，这可能与人们的内在期望有关，人们更期望权威能够带来具有颠覆性的信息。

（二）信息引发的畏惧情绪

劝导信息为了得到态度主体的关注，有时需要引发特定的情绪状态。例如，在戒烟与反吸毒宣传中，相关信息往往会激发受众的畏惧情绪。畏惧情绪对态度转变具有双重作用：适中的畏惧情绪容易引发态度转变，畏惧情绪的唤起水平过低或过高都不利于态度转变。低水平的畏惧情绪未能引起态度主体的充分重视，高水平的畏惧情绪可能会使态度主体拒绝接收相关信息，以避免引起内心焦虑，因此都不会带来态度转变。在态度劝导过程中，说服者需要关注所传递的信息可能引发的情感与情绪特点，过高或过低的情绪唤起对态度转变通常不利，适中的情绪唤起更有利于促进态度发生改变。

（三）信息通道与提供方式

信息的传播必须通过特定的信息通道，不同类型的信息通道所能实现的说服效果也不同。作为信息的接收者，有些人对视觉信息更为敏感，更容易接受其影响；有些人则对听觉信息更为敏感，更容易接受其影响。人际信息的传播主要有两种通道，一种是视觉通道，另一种是听觉通道。在日常生活中，人们通常结合使用两种通道来传递信息。总体来说，口头传递的信息与书面传递的信息相比，前者促进态度转变的效果会更好；面对面的信息传递比通过媒体中介进行传递效果更好。不过通过媒体中介传递的信息，可以跨越时空限制，能够让更多受众在同一时间接收其信息，因此，在改变公众态度时有其独特优势。

（四）信息属性

凡事皆有其两面性，态度亦然。任何一种态度在适应某些情境的同时，也可能会带来一些负面影响。因此，与态度有关联的信息也具有正反两方面的属性。在促进态度转变时，如果态度主体是分析能力不强的群体，那么，仅传递信息的积极倾向对转变其态度有益；如果态度主体是具有较高分析能力、文化水平较高的群体，向其提供信息的两种属性，说服效果会更好。

（五）信息的重复

信息往往涉及多种相关属性或要素之间的复杂关系，因此，在传递信息时为了保证态度主体能够全面接收并理解信息，需要适当重复提供信息。如果复杂信息没有重复呈现，态度主体很可能不能完全理解信息的意义，所以也不能按照劝导者希望的方式来转变态度。如果信息重复频率过高，则容易引起受众的厌烦与逆反心理，导致其对信息产生抵制心理。如果信息的重复频率刚好能够让态度主体充分接收到并能理解其意义，那么，这种重复频率有利于态度转变。

四、情境因素

情境指的是态度主体与说服者之间互动的环境。态度转变是在特定情境下进行的，有些情境容易促进态度转变，有些情境则相反。

（一）态度主体的情绪

特定的情境会影响态度主体的情绪，这种情绪属于情境因素的结果，与前者所述的信息导致的情绪唤起水平不同。当态度转变的主体处于积极情绪之中时，其更容易对外界影响持开放与探索状态，此时转变态度的可能性相对更大；如果态度主体处于消极情绪之中，他倾向于拒绝外界信息的影响，这种情绪不利于态度转变。

（二）干扰因素

说服过程中存在很多的干扰因素，态度主体的认知焦点会随着情境中出现的新奇因素而发生转变，因此信息接收者在接受说服的过程中可能会分心。人类思维的速度快于言语速度，一定程度的分心如果并未影响信息接收，则有利于态度的改变，此时态度主体可能没有足够的认知精力去收集与接收信息不一致的事实；如果情境中干扰因素过强，导致态度主体过度分心，则对态度转变非常不利。

（三）情境压力

情境中存在多种促进或干扰态度转变的压力。首先，情境中的他人会影响态度转变，如果周围人态度相当一致，而态度主体却与之不同的话，此时会构成相当强大的促进态度转变的压力；如果周围人的态度分歧很大，甚至每个人都有自己独特的态度，那么，个体保持自己态度不变的可能性会增加。其次，如果态度主体发现原有态度不能适应新情境，他可能会主动地寻求态度转变，此时他人的说服与劝导很容易产生效果。

第五节　说服途径与技巧

态度转变可以由个体自发完成，也可以是在外界说服作用下发生，而本书则更加关注如何通过劝导与说服来改变个体的态度。本节所谓的说服途径，是从整体上探讨态度转变的作用途径，说服技巧则分析了日常生活中人们经常使用的具体的劝导与说服技术。

一、说服途径

通过说服转变态度有两种途径，一种是突出态度本身所具有的属性、优点与合理性等方面的信息，通过系统分析此种态度可能带来的利弊，来刺激人们进行得失权衡，并决定是否需要改变自身态度，这种途径可以称为中心途径。而另一种途径是通过展示一些与态度没有必然联系的外部线索，这些线索可以激发个体较为强烈的情绪反应，进而使之在没有做出深入思考的情况下转变态度，这可以称为外周途径。

这两种说服途径在广告中都有很好的案例。在宣传一种商品时，到底是强调其使用价值的中心要素，还是突出这种商品的周边因素，如是谁在为之代言，代言者的影响力如何等，这些经常是广告人需要认真思考的问题。当受众具有专注于信息的动机与能力时，他们可以对说服信息进行细致加工，专心聆听并思考论据内容，然后决定是否接受说服信息改变态度，这一过程体现了说服的中心途径；当受众不能或者不愿意认真分析信息传播中的论据，而更愿意受到与说服相关的周边线索影响时，则体现了说服的外周途径。[2]

假如你正在为一款新饮料构思广告，你可以强调这款饮料所含有成分的特殊性或有关其能量的信息，它可能是当前市场上单位体积中所含有能量最高的饮料，如果你的广告强调了这些使用价值方面的特征，那么，采取的就是中心途径的说服性广告；相反，你也可以强调哪些人在喝这种饮料，如登山队员对这种饮料的偏好可能会让人们更愿意尝试它，如果能够请到当下最具人气号召力的明星来做广告的话，他不需要枯燥地介绍这款饮料的功能与成分，只要举起饮料然后对着镜头问道："你想和谁分享？"采取外周途径的说服性广告在电视上非常流行。例如，人们所能见到的牛仔裤广告几乎没有任何一则做过拉力测试，大多数是利用明星或者性感的形象来说服潜在的消费者形成或转变消费态度。

那些强调商品功能的广告采取的是中心途径的说服策略，中心途径主要通过认知发挥作用，信息接收者使用逻辑方式来鉴别论据是否合理，论证是否充分，自己是否需要接收新信息。外周途径往往通过情感成分来发挥作用，相关线索可以唤起强烈的情绪，受众不再关注信息本身，而注重与态度有关的边缘线索及其激发的想象，这都可能会促进其转变态度。除了中心途径和外周途径以外，说服者还可以通过群体规范来劝导态度的改变。群体规范不需要解释"为何如此做"的原因，甚至也不一定唤起某种形式的情绪，但受众能感知到强大的社会压力，使之"不得不"改变自身态度以顺从群体的要求。

二、说服技巧[3]

说服技巧在某些领域特别重要，如营销。在营销过程中，推销者经常需要改变潜在客户的态度，使之放弃原有的戒备心理，或者接受并愿意尝试新产品。在营销及相关领域中，人们通过实践摸索出很多具体的说服技巧。研究者通过一系列研究也证实了这些说服方法确实可以提高被劝导者转变态度的可能性。[3]

(一) 登门槛技术

登门槛技术是指：先提出一个较小的、容易被接受的要求，当对方同意后再提出更大的要求。相关研究发现：一旦某人接受了一个较小的要求，其同意后继更大要求的可能性则大大提升。登门槛技术的关键在于，劝导对方转变态度时不可操之过急，应该分阶段提出不同的要求。例如，在慈善募捐中，专职募捐者一开始只要求受众在一张慈善宣言上签名，此时并不会要求签名者做其他任何事情；等过几天之后，他们通过某种方式找到那些签名者，请求他们参与慈善募捐活动，之前在慈善宣言上签过字的人，往往会觉得有义务参与该活动。就这样，登门槛技术逐步实现了转变态度的效果。

在改变一种态度之前，说服者需要考虑原有态度与新态度分别是什么，两者的差距有多大，如果两种态度之间差距过大的话，说服者则需要考虑态度转变的中间阶段，这一中间阶段看似只是一小步，但在态度转变过程中却扮演着非常重要的角色。就好像一些保健品公司在营销过程中，如果直接要求顾客购买几千元的产品，很可能会遭到拒绝，此时使用登门槛技术则能减少阻力。首先向潜在的顾客承诺提供免费的接送服务和体检服务，旨在引起潜在顾客的兴趣；其次在体检过程中，销售人员的态度既体贴又看似诚恳，他们只要求潜在顾客购买少量产品，以便亲身体验保健效果；当顾客购买了少量产品之后，销售人员才会进一步指出，为了获得更好的保健效果，顾客应该购买更多的产品。

(二) 以退为进技术

与登门槛技术不同，以退为进技术的最终要求并不高，其目标可能是一个较小的要求，为了获得受众的赞同，此种技术会先提出一个较大的要求，当对方拒绝之后，再提出一个相对较小的要求，这种技术会增加人们同意后面较小要求的可能性。这就好像是在市场买菜时的讨价还价，卖菜的人总是会先开出一个较高的价格，或许买家能够同意也不得而知，但如果对方不同意的话，还可以做出让步："就剩这么一点了，如果您愿全买下来的话，我愿意降价"，或者说"谁让您是老主顾呢，给您优惠一点好了"。这种技术可能会使双方都感到满意。卖方实现了自己的目标，说服了买方的购买行为；买方觉得自己得到了实惠。不唯买菜如此，当我们在各类市场上购买家具、汽车或者与人谈判时，以退为进技术都被广泛地使用着。

登门槛技术和以退为进技术看似全然相反，但都可以实现改变对方态度的效果。什么时候使用哪种技术，需要针对不同的情况做出具体的分析。如果说服的目标具有刚性，则适合以退为进技术，如汽车的价格很高，受成本限制不可能无限制降价，此时不如喊个虚高的报价，当顾客有意购买时再慢慢降低，直到双方都能接受；如果说服目标是弹性的，则适合使用登门槛技术，如推销保健品，几元钱可以买一盒，几千元可以买若干个疗程，使用登门槛技术可以让顾客尽可能多地购买。

（三）诱人低估技术

为了说服某人接受一种较为复杂或困难的要求时，首先只提出模糊的概要式要求，得到对方同意后，再指出先前要求中的具体而苛刻条件，这种技术可以称为诱人低估技术。设想一下，如果你的同学要求你明天一大早陪他去火车站排队买票，你是否愿意接受呢？相反，如果他先是请求你明天陪他去趟火车站好不好，这时你更有可能接受他的建议。他马上对你表示非常感谢，然后告诉你说："明天要早一点去，大概早晨5点吧。"你已经做出了承诺，似乎不应该也不能再反悔了。最后他还告诉你说，早晨5点去了之后还要排队，你似乎没有办法改变态度了。

诱人低估技术的关键在于，最初提出的要求让对方感到没有拒绝的理由，一旦对方接受以后，再抛出各种苛刻的要求。这种说服技术具有一定的欺骗性质，偶尔在商业谈判中也可以见到。在使用这种说服技术时，如果与法律相违背的话，则会受到社会与他人的谴责。

（四）不仅如此技术

前几年电视推销广告非常流行，一些按摩器、手表、手机、厨具通过电视进行推销，几乎大多数的产品都使用了"不仅如此技术"。例如，在推销一款手机时，推销者首先告诉观众说：同类型的手机在市场上大概价值2000元，而他们所推销的这款手机现在只需要1000元；不仅如此，现在马上打电话购买还可以打五折，也就是以500元出售；不仅如此，且前1000名打入电话购买的消费者，还可以享受到1000元的大礼包，其中包括存储卡、手机壳等非常实用的东西；不仅如此，还可以送你一个免费上网的账号。在"不仅如此"的轰炸下，真有不少观众会马上打电话购买一部这样的手机，其中一部分人可能已经有了手机，但他们觉得这部新的手机会更好。

不仅如此技术的特点在于：说服者在改变态度的过程中，不断地抛出更加优厚的条件，让对方觉得这种产品实在是太超值或者太实用了，进而达到快速改变其态度的效果。在日常生活中，人们在劝导他人改变态度时，也会把新态度的各种优势——呈现出来，有意或无意地使用不仅如此技术。

（五）引起注意技术

对于乞丐或者那些街头搭讪者，人们往往固有一些消极的态度，很多时候会故意忽视他们所发出的信息，或者不理睬他们的要求。这时，引起注意技术对于转变态度往往能发挥出奇制胜的效果。引起注意技术指的是，通过新奇的要求引起受众的注意，打破他们固有的偏见或一贯的做法，达到引起受众兴趣的效果，并利用这种机会转变受众的态度。

例如，当一位乞丐向行人要钱时，人们经常会纷纷避开。然而，当一位乞丐明确提出只要 1.79 元时，人们则有可能会思考甚至会提问：为什么要的是 1.79元，而不是 2 元或者 1 元？乞丐答道：李冰冰的妹妹要过生日了，我需要 1.79元给她买礼物。听者虽然明知他在开玩笑，但平常对乞丐不理不睬的态度也发生了变化，此时，人们很有可能随手掏出一些零钱送给乞丐。

参考文献

[1] 中国就业培训技术指导中心，中国心理卫生协会. 心理咨询师 [M]. 北京：民族出版社，
　　2012：152-156.

[2] 阿伦森. 社会心理学 [M]. 侯玉波等译. 北京：中国轻工业出版社，2005：200-205.

[3] 泰勒，佩普劳. 社会心理学 [M]. 谢晓非等译. 北京：北京大学出版社，2004：232-238.

第七章　人际沟通

如果希望成为一个善于谈话的人，那就先做一个致意倾听的人。

——戴尔·卡耐基（美国）

2000 年，梅尔·吉布森出演了一部电影，名为"倾听女人心"。在该片中，他扮演了一位毫不关心女性想法的大男子主义者。然而，当一位女性上司到来之后，他遇到了沟通上的大麻烦。在一次意外事件之后，吉布森获得了倾听女性心声的能力，从此生活发生了极大变化，他不仅帮助了自己，也帮助了身边的人。这部电影巧妙地向观众展示了倾听对于沟通的神奇作用。在日常生活中，那些具有良好人际沟通能力的个体往往更能建构和谐的人际关系。

第一节　人际沟通概述

沟通是信息的传播与交流，而人际沟通是信息在人与人之间的传播与交流过程。人际沟通是前者的一种常见类型，除了人际沟通以外，媒介沟通也是一种常见的沟通类型，人际沟通与媒介沟通之间的区别主要在于：人际沟通没有媒体作为中介，是直接的、面对面的沟通形式，沟通的双方都以个体的形式存在；而媒介沟通是通过媒体中介进行的，信息的接收方往往是大众，因此相对而言，媒介沟通是一种间接的沟通形式。[1]

一、人际沟通的结构

沟通与传播的关系密不可分，传播学将传播过程视为七个要素的共同作用，其中包括信息源、信息、信道、信息接收者、反馈、噪声与背景，而这七个要素同样存在于人际沟通的过程中[1]。但从人际信息的交流情况来看，以下几种要素都可以作为分析人际沟通的变量。

（一）信息源与信息接收者

人际沟通中的个体都扮演着双重角色，每个人既是信息源也是信息的接收者，这种沟通角色通过反馈而联结起来，没有反馈的单向人际沟通几乎是不存在的。从人际沟通中的互动视角来看，信息源同时也是接收者。

然而从静态的视角来看，信息源是在人际沟通中具有信息同时也具有沟通意愿的主体。信息源是信息传播的主体，他选择并确定了信息传播的内容、方向和形式，并预期人际信息传播的结果。通常在人际沟通之前，信息源会做出恰当的准备，确定沟通的上述细节，明确需要传播的信息是什么，并将之转化为可以向外传播的形式，如话语、身体姿势、表情等内容。在沟通过程中，信息源对自身状态和信息内容也会有更加明确的了解。

信息接收者，是指在人际沟通中接收信息的一方。信息接收者转译信息的能力，对于沟通质量来说非常关键。通过信道接收各类信息之后，信息接收者会根据相应的社交规则来解读信息，将之还原为信息源试图传递的内容。如果信息接收者所使用的信息转译法则与信息源的编码原则相符的话，信息传递的效果则好；如果接收者所理解的信息与信息源所发出的初始信息状态差异过大，那么，信息传递的效果则差。

（二）信息

信息是一个内涵极为丰富的概念，在不同学科中有千差万别的解释。在人际传播中的信息主要指的是沟通中的观念与情感。观念是个体在有所经历之后，对相关事实的认知与评价；而情感则是与评价相关的内心体验。人际传播中的观念与情感，最初是个体内在的心理过程与状态，要被其他主体所觉察和理解，必须要转化成他人可以接受并且能够转译为相应内容的信号。在人际沟通中可以被觉察的信号包括听觉信号、视觉信号、触觉信号、嗅觉信号和味觉信号等。在人们经常使用的各种符号系统中，口头语词和书面语词占据着非常重要的地位，而身体语言同样具有不可或缺的作用。通过共享的社会信号，信息才能实现在不同主体之间的交流与传递。

（三）信道

信道指的是信息赖以传播的通道。到目前为止，人类还不能通过心灵感应传递信息，必须要通过特定的途径与方式，将内在的观念与情感传播出去。举一个广义的例子：如果我们想把对于某种经历的认识传播给他人，首先需要把相关的观念转化为声音信号或者书面信号，而信息的接收者则通过听觉通道或视觉通道来接收相关的刺激，并对这些刺激进行转译，了解其深层结构及含义。在日常的人际沟通中，视觉通道与听觉通道最为常用，而且两者经常同时配合使用，我们既要听他人所言，同时还要看他人的表情与动作信息，综合多种通道的信息进行分析后，来理解信息的真正意义。当然，随着各种媒体技术的发展，电话、手机、网络也在人际沟通中起着信道的作用。

（四）反馈

反馈是信息接收者在理解信息之后，向信息源所发出的信息回馈，它使人际沟通成为信息双向流动的过程，也将信息源与接收者纳入到对立与统一的双向沟通关系。在日常的人际沟通中，反馈从信息源发出最初的信息之后，一直存在于信息传播之中，双方会根据对方的反馈来调整自己的沟通内容与形式。如果没有反馈，人际沟通则无法真正实现，设想：当信息源发出信息之后，接收者却毫无反应，信息源继续沟通的意愿与信心肯定都会受到影响。在正式组织内部的人际沟通中，反馈被组织规定所要求，当你的老板发短信向你安排工作时，无论你接受与否，都需要做出反馈；即使你同意这种工作安排，如果没有进行反馈的话，老板必然会打电话跟你确认，并责怪你不做出反馈的做法。重要的人际沟通为什么需要面谈？很重要的一点是：面谈中双方能够更为充分地了解对方的反馈。

（五）噪声

噪声指的是在人际沟通中导致信息传播不顺利、不准确、不充分的阻碍与干扰因素。人际沟通中存在多种类型的障碍，如物理噪声、心理噪声、生理噪声和语义噪声等。物理噪声是说者与听者以外的环境干扰，包括汽车噪声、电脑噪声、建筑噪声等，如果在人际沟通中存在过多导致沟通者分心的物理障碍，信息的传递与交流自然会受到影响。心理噪声来自说者与听者的心理状态，如认知上的敌意归因、以自我为中心并忽视他人感受等，都会使信息理解发生偏离，此外，沟通者的偏见和极端情绪等因素，都有可能成为心理噪声。生理噪声在日常生活中的作用非常明显，过度疲劳、视觉障碍、听力失聪、记忆障碍与表达不清等生理方面的障碍，会破坏人际沟通中的信息传播过程。语义噪声是指说者与听者在语义使用上存在非共享的意义空间所造成的干扰，如两者使用不同的方言，又或者来自不同专业领域的人士在争论某个概述或某种现象时，他们所指代的对象可能根本完全不同。语义噪声有时与文化相关，在跨文化传播中，文化因素会干扰沟通的效果，小至家庭环境，大到民族文化，都有独特的文化特点，如果不熟悉或者不接受对方的文化内涵，那么，在人际传播中就有可能会发生阻碍。

（六）背景

背景，是指人际沟通过程所存在的情境。每次人际沟通都是具体的。具体的沟通者、沟通信息和沟通形式，并且发生在具体的情境之中。换一种沟通背景，同样的信息就存在不同解读的可能。有些不良的八卦新闻常把一些明星的亲昵剧照拿出来，借此暗示两者具有不同寻常的关系，然而剧照是在特定背景下的行为反应，并不能完全反映真实生活背景下的状态。

另外，在传播学看来，语境（context）是人际沟通所发生的结构背景，语境会显著影响人际沟通双方说话的方式与内容，例如，在婚礼中沟通者会主动提及让人感到幸福的话题，而在葬礼上沟通者一般会选择让人感到沉重的信息，这是两种不同语境对人际沟通的作用；作为宏观背景的文化，也可以构成特定的语境来影响人际沟通过程。[2]

有研究区分出高语境文化和低语境文化，在高语境文化中，人们传播的沟通信息往往是模糊而含蓄的，相关信息可以不表现在沟通内容之中，然而沟通者并不需要对方将之明确表达出来；在低语境文化中，环境与沟通者都不含有额外的不言自明的信息及其意义，只有表达出来的信息才具有意义。那些缺乏共同生活经验的沟通者，在交流时通常需要提供详细的背景信息，因为他们的沟通处于低语境文化之中，在低语境文化中，人际交往通常不太密切，彼此的承诺相对较少。[3]

二、人际沟通的类型

人际沟通涉及人与人之间的交流，其分类体系有别于那些描述个体心理过程的心理学术语，其分类形式有时不得不参考人际信息传播时的群体与组织背景。

（一）现实沟通与虚拟沟通

在人际沟通过程中，根据沟通双方对彼此身份与角色的了解情况，可以将之划分为现实沟通和虚拟沟通[1]。在现实沟通中，沟通者对对方的身份与角色具有清楚的意识，并且这种身份判断可以通过特定方式来验证。例如，在师生关系中，学生的身份通过注册而确定，教师的角色由组织规定，还可以从相关的资料或网页上搜索到，所以，他们的沟通是现实沟通，每个沟通者都需要对自己所传播的信息负责，教师不能在课堂上胡乱授课，学生需要真实反映自己的学习状态等，通过信息的多次传递与反馈，最终实现提高学生成绩、教学相长的人际沟通效果。

在虚拟沟通中，双方对彼此的身份与角色没有进行清楚的把握与了解，主要依据想象和主观感受来引导沟通过程。例如，从前的笔友间书信往来就是虚拟沟通的一种形式，现在随着网络时代的到来，虚拟沟通具备了更多潜在的途径。在想象与主观感受的帮助下，虚拟沟通能够满足特殊的心理需要：在同城聊天室里，满脸络腮胡子的大叔也许会给自己起个非常女性化的名字，胆小男孩的网名可能是"蜘蛛侠"或"中国超人"，而这种自我符号能够让他们感受到去抑制性，日常生活中现实沟通所设置的各种限制似乎不复存在了，与他人通过幻想建立的自由沟通满足了"自我理想"的需要。当一名青少年在与父母沟通时，父母可能会根据自身的期望，来限制孩子的某些行为；而当他与一个未曾谋面的网友在交流时，更容易获得关注、支持和理解等积极感受。

虚拟沟通不是虚假沟通，但网络时代的骗子与犯罪分子，已经学会使用虚拟沟通来谋取利益。从网络新闻中，经常可以看到类似的报道：小女孩跨省去会网友惨遭监禁，骗子冒充国家公务人员欺骗女性网友，等等。

（二）对称型人际沟通与互补型人际沟通

根据在人际沟通中双方是否使用相同或相似的交流与传播方式，可以区分出对称型人际沟通和互补型人际沟通。在对称型人际沟通中，说者与听者之间根据对方的反应来确定自己的行为，沟通中的信息传播与反馈是相互依赖的，表现出反应性相倚。就好像两位同事之间，其中一方的沟通带有敌意与威胁，另一方于是也表现出敌意来；如果在两位同事之间，由于一方传递了具有善意的信息，另一方受到感应后也反馈了相同性质的信息，那么，也构成一种对称型人际沟通，而且对于两者的关系具有积极影响。

所谓互补型人际沟通，是指沟通双方以相反的方式进行互动，即一方所传递的信息收到了对方互补型的反馈。就宛如师徒之间，师父要求越严，徒弟学习越认真一样；再比如，丈夫越蛮横，妻子越顺从，也是互补型人际沟通。在补偿性的亲密关系中，人际沟通多是互补型的。例如，当一个人希望在亲子关系上弥补自己的缺憾时，可能会对孩子施以无条件的爱，而父母越是这样做，子女可能越会觉得这种爱是理所当然的，行为上越发骄纵。相对而言，对称型人际沟通与互补型人际沟通相比，更有可能带来关系的调整。[2]

第二节　倾　　听

倾听是人际沟通的最为重要部分之一，对于建构良好的人际关系来说不可或缺。倾听是个体了解他人、了解世界的重要途径。每个人都会听，但不一定懂得倾听。人类思维的速度快于言语的速度，因此，在听别人传递信息的过程中，人们如何利用看似多余的"认知能量"就成了倾听的关键。如果这些认知能量被用来思考与当前沟通无关的事情，即所谓的分心，会干扰听的效果；如果这些认知能量被用来思考与当前沟通相关的内容，才有了倾听的可能。沟通者只有充分倾听、充分理解他人的状态，才能进行有效的沟通。

一、倾听过程

为了更好地理解倾听的本质，可以从五个阶段来分析倾听过程，不同阶段之间互有重叠而非完全独立，而且倾听也是循环往复的过程，当说者每次表述自己的观念或情感时，听者都在重复进行这五个方面的活动。[2]

（一）接收

接收即所谓的听。倾听始于听，而不完全等于听，听只是倾听的初始阶段，从物理层面来看，听涉及声音在空气中的传播；从生理层面来看，听涉及鼓膜的振动或听神经的电生理反应等。然而在接收过程中，个体不仅会接收他人的语言信息和非语言信息，还有可能比较说者所用的表述方式与其他表述方式之间的差别，这种比较可以让听者接收到说者所没有传递的信息。在接收过程中，常会出现分心的情况，背景中的干扰因素或说者的吸引力都会影响到听者是否专注于听；有时候，听者未能做到充分接收信息，乃是因为其正在思考如何做出反馈，这些情况都有可能影响到倾听效果。

（二）理解

理解阶段旨在掌握说者所表述内容的深层结构，通过其所发出的信号了解其背后的观念或情感的过程。为了更好地理解，听者一般不应在说者传递信息之前先有预设，一旦听者有预设或先入为主的观念，那么，他通常只能听到想要听到的内容。在理解过程中，听者应从说者的角度来分析信息，从整体的表述做出解释，而不是断章取义，也不宜过早做出不成熟的结论。理解是一种主观对另外一种主观的再现，有时可能会发生偏差，因此，需要在理解阶段中加以必要的澄清，听者为了验证理解的正确性，不妨用自己的语言复述说者的信息，以便于由说者帮助听者进行更好的理解。

（三）记忆

有效倾听离不开记忆过程，信息传递涉及多个信息点及其关系，听者需要将之有效编码并加以整合，而短时记忆是有限的，需要通过多次复述将之转入长时记忆，然后在随后的人际沟通中加以提取，并与短时记忆相互配合，做到更好地信息理解。记忆有助于沟通者形成某些心理定势，这些心理定势一方面有助于沟通者在信息传播中的记忆，另一方面也可能干扰沟通者对具体信息的准确理解。

（四）评估

评估是指对人际沟通过程进行评价，评价内容包括说者的真实想法和传播动机等方面。大多数时候，倾听中的评估通常是在无意识中进行的，听者潜在地分析说者的传播立场与意图，并把这种评估结果整合到倾听的理解之中。为了让评估过程能够促进有效倾听，听者应该在说者完全表述后再开始客观的评价，相反，如果在信息接收过程中过早做出评价，贴上不当标签都不利于有效倾听。

（五）反馈

反馈可以渗透于人际沟通之中，尤其是当说者完成了特定的信息传递后，听者由此而做出的反应即为反馈。倾听过程中的反馈可以是支持性的反馈，也可以是挑剔性的反馈。当听者对说者做出支持性反馈时，对倾听效果更加有利。反馈的形式多种多样，既有语言性反馈又有非语言性反馈，为了促进说者的信息传递，听者对说者的情感做出呼应更能促进有效倾听。

二、倾听的分类

按照不同的分类标志，倾听可以划分为多种类型。在人际沟通中，沟通者应该在不同情境下将多种倾听方式结合起来使用，以便实现对语言信息的更佳倾听效果。有效沟通者善于根据沟通目标，并且随着沟通环境的变化而选择适当的倾听形式。本书参照德维托（Joseph DeVito）的分类方式，将倾听划分为如下三种形式：表层倾听与深层倾听、接受性倾听与批判性倾听、移情倾听与客观倾听。[2]

（一）表层倾听与深层倾听

诺姆·乔姆斯基（Noam Chomsky，1928—　）在其转换生成语法学说中提出，句子既有表层结构也有深层结构，表层结构是由特定语法所组织的词汇的集合，而深层结构则是由表层结构所体现的、真实的抽象含义。据此可以将倾听也划分为表层倾听和深层倾听，表层倾听是指掌握语言信息所传递的字面意义，语言信息的字面意义是作为信息源所传递的、可以被接收者所觉察的外显部分。表层倾听并不简单，同样需要遵循倾听的基本程序，避免干扰因素导致的分心才行。而深层倾听旨在揭示语言信息表层结构以下的深层结构，是理解信息源发出语言信息所折射的情感与意图。这些情感与意图可以在潜意识中运作，换言之，信息源对其意识程度并不高，然而所发出的语言信息却深受其影响，因此，深层倾听更为复杂，需要信息接收者根据言语行为进行心理状态的推理，这种推理过程作为深层倾听的必要成分，不应该是主观臆断，而是能够以相对客观的方式来验证。

例如，当父母又一次对其子女谈及抚养孩子的种种不易时，其语言信息所反映的是以往生活的种种艰辛和具体困难，这些表层内容可以通过表层倾听来加以接收；然而，这些语言信息的背后，可能是父母想要获得子女的认可，希望子女对其情感付出给予承认与认可。如果子女此时能够做到深层倾听，对父母的这种内在要求给予适当呼应，亲子间的这种人际沟通将更加令人舒畅，达到促进亲子关系的效果；相反，如果子女表示对这些内容已经听烦了，则可能引起亲子矛盾，彼此抱怨对方无法沟通。

（二）接受性倾听与批判性倾听

根据沟通者在倾听过程中何时对所接收到的信息做出判断，可将倾听划分为接受性倾听和批判性倾听两种类型。接受性倾听，是指听者尽量接受说者的信息，在接收过程中避免做出判断，只有当听者完全接受了相关信息之后，才对相关信息做出评价与判断。可见，接受性倾听的判断与评价过程是在说者完成传递信息之后进行的，这种倾听可以避免过早做出不成熟的评价与判断，更有可能把握说者传递信息的真实含义。

批判性倾听，是指听者在接收信息过程中，使用批判性的心态去分析说者传递的信息。批判性倾听可以帮助听者分析并评价所听到的信息。批判性倾听也是有效倾听的一种类型，它需要听者保持开放的心态，避免使用偏见来判断听者的信息。批判性思维与偏见互不兼容，使用批判性思维进行倾听时，听者需要识别自己的偏见，不宜将说者的复杂信息简单化，或者对说者所传递的某些信息进行过滤，而过分强调另外一些信息。批判性倾听之所以是有效倾听的一种形式，在于它能够在接收信息的同时对之做出合理批判。例如，当某位管理者将他的下属们描绘为"没有条理的一群员工，在没有得到工作安排时整天无所事事"时，听者可以批判性地倾听他与下属之间的深层关系模式，评价他是否能够合理地分配任务给下属，或者他对于下属存在哪些期望，以及这些期望是否合理等。

（三）移情倾听与客观倾听

在倾听过程中，根据听者对说者所言是否具有情感共鸣，可以将倾听分为移情倾听和客观倾听两类。在移情倾听中，听者能够发觉并重视说者的内在情感体验，愿意使用他们的视角去看、去听、去思考其个人经历。因此，一方面可以使信息接收者更好地理解信息，并能体验这些信息背后的情感反应。对于说者而言，他们通常非常喜欢移情倾听。另一方面，移情倾听需要听者能够共情，能够设身处地地看待说者所经历的人与事。移情倾听有可能改变听者自身的情绪状态，使之与说者之间产生情感共鸣；这种情感共鸣虽然让听者更深入倾听说者的内在观念与状态，却有可能妨碍听者做出客观评价，当听者完全与说者共情时，会采用说者的态度来看待其周围的人与物，进而获得一种不够客观的信息。

客观倾听要求听者不使用移情的方式，不对说者的情感做出响应或共鸣，而是从客观角度理解并评价所接收到的信息。例如，当一位教师在抱怨学生们不认真学习、上课经常看课外书时，客观倾听不需要对说者使用移情，也不必接受教师对学生的各种期望，反而在接收后继信息时，特别关注这位教师是否做到了教学内容生动有趣，有无激发学生学习动机的行为表现等。通过客观地倾听现象产生的背后原因，做到全面理解信息和有效倾听。客观倾听有别于对质或质疑，对质与质疑不属于有效倾听的要素。在接收信息的过程中，质疑他人信息中的口误与矛盾之处，会破坏说者的沟通动机，进而干扰有效倾听。

第三节 非语言信息[1]

在人际沟通中，语言信息与非语言信息是两种最为重要的信号形式。语言信息包括口头语言和书面语言，其内容与形式相对更为复杂。而非语言信息是指不使用语言的传播方式，主要包括能够传递意义的身体符号。

一、眼神

《孟子·离娄上》中表述了这样的观点：看一个人的本质，最重要的是看眼睛，人的善恶在眼神中都有充分体现。文艺复兴时代的许多画派，认为眼睛是心灵的窗户，在人物画像中都非常重视对眼睛的刻画。眼神在人类的非语言信息交流中占据非常重要的地位，很多文化都赋予眼神交流相当重要的意义。在中国古代，非常讲究下级不应与上级对视，尤其是臣子盯着皇帝看的话，便可能加诸"忤视"的罪名。位卑者与位尊者交流时，多数时间保持低着头的姿态以回避其眼神。然而在现代人际沟通中，没有眼神的直接接触，很可能是不诚实或不真诚的表现。如果我们身边的某个人在和别人说话时，眼神总是看着别处，而极少与人直接交流，我们通常会认为这种表现可能是心理问题的折射。长时间的目光对视，确实会让人感到不舒服，所以，在有的文化中要求人际沟通既要有眼神的交流，又不能长时间对视，最好每隔一小段时间，就形成从对方眼神上略过的扫视状态。

人的情绪能够直接体现在眼神上[1]。首先，瞳孔能够反映人类的基本情绪：积极或消极的情感。当人们看到感兴趣或者喜欢的事物时，眼睛会相对睁开，瞳孔也迅速扩张；当人们看到恐惧或者讨厌的东西时，眼睛会稍微眯起来，与此同时，瞳孔也迅速收缩。这种瞳孔变化受自主神经的控制，对个体而言属于不随意反应，在突然面临特定情境时，它是人无法掩饰的自然反应。幼儿的晶状体颜色较浅，其瞳孔的这种变化会更加明显。其次，人在传递信息时，其内在情感体验会反映在眼神上：高兴时的神采飞扬，沮丧时的神采黯淡。对于大多数人来说，通过眼神来获得信息并不容易，观察力敏锐者，则可以通过眼神获得很丰富的内在信息。

二、表情

狭义的表情，是指由面部表情肌活动而产生的脸部状态，是能够传递丰富情感信息的身体语言形式。面部表情无法传递具体的事实，但能够反映由特定事实引发的情绪：积极的与消极的、赞扬的与反对的、肯定的与否定的，等等。人类的表情是由 42 块表情肌相互配合而产生的，整体而言，越是基本的情绪所牵动的表情肌越少，越是复杂的情绪所牵动的表情肌越多。例如，厌恶和恐惧是人类的基本情绪，厌恶主要反映在鼻子和口唇部位，恐惧主要涉及眼部的变化；而愉快是一种较为复杂的情绪，其表现覆盖了口唇、面颊、眼部和额头的整体变化。面部表情的变化，受到大脑皮层的控制，因此只要稍加训练，在有意识的情况下，个体比较容易控制自己的面部表情。在自然的状态下，表情与信息所携带的情感是相互一致的；而在社会化过程中，家长与周围人通常会教会个体控制并合理使用表情的技巧，如在喜庆的环境中做出幸福的表情，而在悲痛的环境中呈现出悲哀的表情。

广义的表情还包括声音表情，指的是人在说话时的语音、语调等方面特征。当人们在高兴时，其声调会比平时更加高亢，而在伤心时声调会比平日更加低沉，这些都是声音表情的具体表现。声音表情受说者的内在体验影响而呈现出不同变化。测谎领域中有一类根据声音表情来鉴别说者情绪变化的测谎技术，其假设：当人们在说谎时会产生心理紧张情绪，这种内在的紧张情绪具有多种外在的生理表现，声音表情也是其中一种。所以，把个体不存在心理紧张状态时的声音表情作为参照基准，那些具有显著变化的声音表情就能反映出其背后的特殊状态和信息。设想在四月份的第一个早上，你接到同学的电话说要请你吃晚饭，但你发现他的声音与平时略有不同，兴奋中带着一些颤抖，如果你深入分析这一声音表情的变化，就会警惕这会不会是愚人节的闹剧，而这种警惕性正是来自对声音表情这样一种非语言信息的接收和理解。

三、手势及手部动作

手势是非常容易被他人观察到的身体语言，人们在说话的时候，经常会不自觉地配合以手势或手部动作。对于聋哑人来说，手势在他们的人际沟通中更是基本途径。当然，聋哑人的手语与日常意义的手势不同，前者具有高度结构化的特点，可以精确表达信息，普通人的手势意义相对模糊得多，通常与语言信息相互配合使用，这一点对于演讲者来说尤其如此，那些具有煽动力的演讲者经常专门练习演讲中的手势，以强调其中的某些重要信息。在特定文化当中，不同手势具有细微的区别，哪些手势表示鼓励，哪些手势表示压制，哪些手势表示接受，哪些手势表示拒绝，都有较为清楚的文化规定。在人际沟通中，有时即使没有听清对方在讲什么，根据其手势也可以判断其传递的信息内容。

搓手、拍手、以手拍打他人的某个部位，这些手部动作也都能传递某些明显的意义，可以辅助人际沟通中的语言信息。另外，触摸是手部动作的常见结果，以手触摸他人，能够传递非常强烈的情感。父母在以手抚摸孩子时，能够增强孩子的安全感；尤其是对于早产儿来说，每天定时抚摸其身体，可以促进早产儿的生理发育速度；恋人之间相互抚摸，能够传递比语言信息更为强烈的依恋情感。

但触摸他人的身体需要得到他人的同意，如若不然，则会被视为对他人的侵犯，这种未得到许可的身体触摸也会给当事人造成很强的情感伤害。

四、姿态

姿态，是指个体运用身体或肢体的特定形式来传递自身态度和情感的身体语言。姿态一般专指静态的身体姿势，而动态的身体姿势在人际沟通中的作用需要单独论述。人们在交流时，经常不自觉地表现出某些姿态来，这些姿态以无声的方式传递着语言信息所没有表达的内容。例如，当个体与他人沟通时，如果他不认同对方的立场，则可能呈现出身体向后仰的姿态；如果他拒绝接受对方的观点，则常呈现抱着双臂偏着头看对方的姿态；相反，如果他被对方所吸引的话，则常表现出身体前倾的姿态。

五、服饰

在人际沟通中，服饰能够传递关于着装者的社会角色和态度等方面的背景信息。服饰既包括服装，也包括化妆、饰品等装饰物，它们都能传递关于穿戴者的爱好、兴趣、态度与社会角色等方面的信息。例如，近年来国内曾经出现过一种非主流的服饰风格，非主流服饰能够反映主体的生活背景、职业情况及文化程度等信息。一般情况下，公务人员不会选择非主流服饰。再以唐装、中山装和西服为例，通常这几种服饰都可以作为正装来使用。然而，在接受工作面试的时候，你会选择唐装吗？唐装略具喜庆的意义，为了彰显文化意蕴的国家领导人或者在中式婚礼中的新郎，穿着唐装较为合适；大学生找工作时，西服之所以更合适，是因为它更能反映对现代分工与专业规范的认同态度；如果要应聘的是高级管理职位，不妨穿着具有休闲风格的西服，其能传递出与基层员工不同的工作态度与角色。

六、人际距离

人际距离是指人与人在沟通与交流时身体间的物理距离，这种距离能够反映沟通者之间的关系状况与亲密程度等信息。霍尔（Edward Hall）认为，人际沟通中的空间距离能够传递信息，他将人际距离分为亲密距离、私人距离、社交距离和公共距离，这四种距离分别适用于不同类型的关系进行人际沟通。

0～18英寸（即0～45厘米）属于亲密距离。亲密距离适用于具有亲密关系的人展开沟通。例如，夫妻、亲人或恋人之间，他们可能不时相互触摸，或者依偎在一起，所沟通的信息更为直接，掩饰性更少；由于相互距离较近，也许看不清对方的每个动作，但是却能闻到对方身体上所散发出来的味道，这是一种非常隐私化的信息。所以，当两个人经常使用亲密距离进行人际沟通时，旁观者根据这种人际距离所传递的信息可判断出两人的关系非比寻常。两个人恋爱之后，如果想向他人公开这一关系，通常会处于彼此的亲密距离之中，这样周围人就能明白两者关系的变化与状态；相反，如果两个人不想公开这一消息，则会处于彼此的亲密距离之外，甚至保持尽可能远的人际距离，以此传递误导信息来掩饰两者之间的关系。

1.5～4 英尺（即 45～120 厘米）属于私人距离。私人距离是朋友之间进行人际沟通的典型距离，这一空间距离是供去角色化的私人交往使用的，交往与沟通各方具有私人关系，而非基于社会规范的角色化关系。在私人距离上，最容易获得对方所发出的身体语言的信息。

4～12 英尺（即 1.2～3.6 米）属于社交距离。社交距离适用于角色之间的交往与沟通。例如，在银行与设置的储户和出纳之间的距离便是社交距离，各类以角色为基础的商业交往、谈判都保持在社交距离上。角色之间的交往距离过小时，容易产生压迫感；如果角色交往时身体距离过远，又不利于信息的传递与交流。因此，在社交距离上的角色交往最为适宜。

12～25 英尺（即 3.6～7.5 米）属于公众距离。公众距离是彼此不认识的人之间互动的距离。例如，在演讲时，演讲者与听者之间应保持公众距离，如果听者与演讲者的距离过近，可能会导致演讲者感到不舒服。再例如，你来到公园的草坪中央，第一个坐下来，后面的陌生人无论多么喜欢你所坐的地方，都应该与你保持较远的距离；如果不认识的人坐在你身边，你可能会感到"生气"并且走开，因为对方侵犯了你的"领地"，即进入了不应进入的交往距离。发生在公众距离上的互动往往是单向的，也许甲关注了乙，乙也偷偷注意了甲，但这种互动之间是没有反馈的。

霍尔对于人际距离的划分及其意义的描述非常具有启发性。但是，这种人际距离的信息解读具有文化差异。在中国文化下，人们对距离的要求没有美国人那么高，即使是普通朋友也可以进入到对方的亲密距离之中，尤其是女性朋友之间，经常会有手挽手的举动。如果使用西方人际距离的观念进行解读，难免会发生错误。

七、沉默

沉默从字面意思看来，就是没有发出语言信息，但作为一种非语言信息来看，它和口头语言、书面语言一样，能够在人际沟通中传递信息和意义。沉默可以分为思考性沉默和策略性沉默。思考性沉默是指个体在思考如何做出反馈，尚未发出信息的一种状态，其反映的是个体对语言和非语言信息的组织或取舍。随着思考性沉默的出现，通常会出现较为重要的信息，至少不是那种可以不假思索就能做出的反应。如果经过思考性沉默之后，说者给出了非常简单或者不符合预期的信息，听者会疑惑其是否表达了真实的想法。

策略性沉默是将沉默作为一种传递信息的特殊方式，听者经过倾听可以了解沉默者内在的态度。例如，当我们完全不赞同对方的观点时，在对方阐述完毕后，我们会保持冷静的沉默，即使当对方问起我们的意见如何时，也依然保持沉默，那么对方会很容易理解到这种沉默背后的拒绝意义。策略性沉默不仅能够表达拒绝的意义，还可能传递其他信息，例如，演讲者为了引起听者的足够重视，也有可能先保持沉默。

参考文献

[1] 中国就业培训技术指导中心，中国心理卫生协会. 心理咨询师 [M]. 北京：民族出版社，2012：158-159.
[2] 德维托. 人际传播教程 [M]. 余瑞祥等译. 北京：中国人民大学出版社，2010：15-20，25，47-48，88-208.
[3] 赵胤伶，曾绪. 高语境文化与低语境文化中的交际差异比较 [J]. 西南科技大学学报（哲学社会科学版），2009，26（2）：45-49.

第八章 人际关系

只要告诉我，你交往的是什么样的人，我就能说出你是什么样的人。

——歌德（德国）

心理学关于人际沟通与人际关系的研究成果非常丰富，乃源于这两种心理现象对于人类社会的特殊意义。人际沟通是信息在人与人之间的传递与交流，人际关系则是人际沟通的结果之一。可以说，人际沟通是人类社会赖以存在的行为基础，而人际关系既是人类心理的需要，也是社会关系中最基本的形式之一。人际关系在人类生活中占据着至关重要的位置，与他人建立关系，不仅能够满足我们对于交际的内在需要，还能实现个体的社会功能与价值，对于人的心理健康具有不可替代的作用。

第一节 人际关系概述

人际关系不是社会关系的全部，却是其中最为重要的具体形式之一，是人们在共同生活中相互寻求各种需要的满足而建立起来的心理关系。马斯洛所提出的需要层次理论认为人有生理需要、安全需要、归属与爱的需要、尊重需要和自我实现的需要，而这五种需要的满足，都离不开社会关系，越是高层次的需要越依赖人际关系背景。当人刚出生时，其生理需要的满足是由抚养者来完成的，当其成年以后，各种社会关系为满足其生理需要提供了基本材料与特定形式；人际关系可以满足安全的需要；而要满足爱的需要，也须以人际关系作为必要条件；得到人际关系网络中他人的承认与尊重，是满足尊重需要的重要内容；自我实现要求发挥个体的最大潜能，使自己达到理想中的状态，而这种自觉性与内化的人际关系期望是分不开的。

一、人际关系的内涵及特征

人际关系是人与人在交往中形成的心理关系，这种心理关系表现为情感上的远近亲疏以及态度上的吸引与排斥等。在辩证唯物主义看来，人的本质不是单个人所固有的抽象属性，在其现实性上，它是一切社会关系的总和。而人际关系同样可以定义个体的某些属性，作为一种人际交往中产生的心理关系，它能够反映具有人际关系的个体之间所具有的相似性或者冲突。

人际关系与法律关系、经济关系等社会关系有着重要区别。具体而言，人际关系具有如下几个方面的特征：第一，在人际关系中社会角色退居其次，而以个人或私人的心理和行为为主；在法律关系和经济关系等社会关系中，社会角色是显著的，而个人的作用反而不显著。第二，人际关系主要体现为情感关系，当然也包含认知关系。然而在其他社会关系中通常不要求情感关系的存在。第三，人际关系具有功利性，通常所谓的人际关系符合社会交换的原则。在人际关系中有付出也有收益，当得与失、收益与付出平衡时，人际关系才能长期保持。

二、人际关系的类型

词汇学假说认为：人类词汇中包含了人类所面临的主要问题。凡是对人类生活具有重大意义的心理结构与功能，都在人类的词汇中有相应的表现。在我们的语言中，存在相当多关注人与人之间心理关系的词汇，这些词汇能够反映出人际关系的诸多特性。例如，在汉语词汇中，既有一见如故、亲密无间、情同手足、肝胆相照、志同道合、远亲不如近邻、疏不间亲等积极关系词汇，也有势不两立、不共戴天、势同水火、貌合神离、幸灾乐祸、贵远鄙近等消极关系词汇。

因此，根据人际情感属性，可以将人际关系分为积极的人际关系和消极的人际关系两种。积极的人际关系指的是人与人之间相互吸引、相互接近的情感与认知状态，最为常见的例子如朋友关系，无论哪个年龄阶段的人，在进行社会活动时都喜欢与朋友结伴而行。而消极的人际关系是指人与人之间的相互排斥、相互敌对的情感与认知状态，两个有矛盾的人在生活中处处作对的情况也不少见。

按照人际卷入水平，可以将人际关系分为亲和关系与亲密关系两种。所谓人际卷入水平，是指在人际关系中的个体所投注的情感多少，如果投注的情感多，即为卷入水平深，如果投注的情感少，即为卷入水平浅。亲和关系是人际关系中最为普遍、最为常见的一种人际关系类型，是指个体期望与他人建立人际联系，或者具有合作关系的内在倾向。人们每次出远门，多数时候都希望有人能够同行，如果没人同行，那么，在火车或飞机上也会希望与周围人聊聊天以避免旅途中的无聊，此时的人际联系就是一种亲和关系。也许旅途结束后，再也不会联系，但对于旅途过程中来说，它是非常必要的。

亲密关系不完全是相对于亲和关系存在的，其有着绝对的标准：首先，亲密关系中的个体要有长时期的较为频繁的互动；其次，他们的互动内容不应是单一内容的，而包括各种不同的活动或事件，以同事为例，在同事关系中他们虽然长时间互动，但是，如果互动内容仅限于工作的话，就算不上亲密关系；最后，在亲密关系中的双方或各方具有很强的互相影响力。常见的亲密关系如夫妻关系、亲子关系、恋人关系、知心朋友之间的关系等，有时候，那些至关重要的发生在多个生活领域中的竞争关系也符合亲密关系的上述标准。

三、人际关系的重要性

人无法脱离人际关系生活，在典型的日常生活中，个体大多数时间是与人结伴度过的；无论何种地域或何种文化，处于人际关系之中都是典型的社会生活方式。那些长期离群索居的人，要么无法生存，要么生存质量很差。在文学作品《鲁宾孙漂流记》中，鲁宾孙依靠智慧在远离人类文明的地方生存下来，然而"星期五"对于他能够坚持下来也是非常重要的。

我们可以回忆一下：除了睡觉时间之外，自己每天清醒的时候，有多少时间是结伴度过的，又有多少时间是一个人独处的呢？有研究表明：无论是成年人还是未成年人，大约都有70％的日常时间是与人结伴度过的[1]。大多数时间里，个体生活在人际关系当中。不仅如此，人还倾向于主动寻求人际联系。沙赫特招募了女性大学生来做电击实验，通过不同指导语将被试分为两组。实验主试对实验组被试说："即将接受的电击会让人感到疼痛，但是，这对于理解人性非常有帮助，因此必须要使用高强度的电击。不过可以放心的是，电击虽然会造成剧烈的痛苦，却不会造成永久的伤害。"通过这样的指导语旨在激发实验组被试的高度恐惧心理。然后，告知对照组被试，电击程度非常轻微，保证她们在接受电击的过程中不会感到任何的疼痛。

为了保证实验操作能够按照实验者的预期唤醒相应情绪，实验主试还对两组被试进行了恐惧情绪唤起水平的测量。最后对两组被试说：在开始实验之前，有大约10分钟的实验准备时间，被试可以选择一个人单独等待，也可以选择与其他人一起等待，当然如果她们感到无所谓的话，也可以随机安排。被试对等待情境的选择，就是这次实验所要测量的关键变量。实验结果发现：恐惧情绪被高度唤起的被试，绝大多数人愿意和其他人一起等待实验的开始；而处于低度恐惧情绪中的被试，则大多数表示无所谓，可以接受随机安排。这个实验说明：个体处于恐惧情绪时，更倾向于主动寻求人际联系。[1]

人们不但在某些时候主动寻求人际联系，还倾向于建立持久的人际关系。在某些特定的阶段，人际关系对生存具有非常重要的意义，这也是个体离不开人际关系的最典型证据之一。婴儿不能没有父母的照顾，亲子互动能够促进依恋关系的形成，而亲子依恋类型对成人以后的人际关系类型具有至关重要的影响。儿童在受到惊吓或遇到危险时，会从他（她）所依恋的人身上寻找安慰与信心。例如，当有陌生人接近时，母亲怀中的幼儿比远离母亲的幼儿，表现出更少的不安状态。当幼儿不知道在新的情境下应当如何做出适当反应时，其会从依恋者那里寻找指引。在一项研究中，实验主试将12~18个月大的幼儿及其母亲安排在实验室里，然后通过遥控装置向幼儿呈现大蜘蛛或恐龙之类的电动玩具，由于这些陌生物品是第一次出现，大多数幼儿都会带着询问的眼神去看母亲，这时母亲的非语言线索会影响幼儿的反应。如果母亲做出喜悦的表情，幼儿会放心地去玩这些电动玩具；如果母亲做出惊恐的表情，幼儿会迅速回到母亲身边以获得安全感。[1]

总之，无论是主动还是被动，无论是有意识还是无意识，人类多数时间处于人际关系之中，并且无法脱离人际关系。

第二节　人际关系的建立

建立人际关系，就是使两个没有直接联系的个体产生情感关系的过程[2]。人际关系是在人与人的直接接触中建立起来的，通过各种形式的交往，个体之间的心理领域开始融合，在情感上相互卷入时，人际关系便开始形成。随着人际关系的不断深入，个体间的相互作用与影响也越来越大。

一、人际关系的建立与发展阶段

人际关系的建立与发展不是一蹴而就的，也不是一成不变的。有的关系在建立之后，如果没有后继互动与联系，就可能会逐渐消退；有的关系由于受到各种限制，止步于较浅的交往水平上；而有的人际关系一经建立后，相互间卷入水平能够越来越深入，并且能够保持长时间持续交往。按照人际关系在建立与发展过程中其性质所发生的变化，可以将其分为四个阶段[3]。

（一）选择阶段

选择阶段是注意身边的潜在交往对象，并与之初步进行交往的过程。当我们身处新情境并遇到陌生人时，就有可能产生交往动机，在陌生人中间进行选择性交往。个体所处情境的属性会影响交往动机的强弱，当个体处于缺乏社会支持状态时，其进行人际交往的动机会更强，更有可能注意哪些人可以作为潜在的交往对象。例如，在大学新生刚入学时，由于以往的人际关系交往成本增加，新入学的学生更有可能在班级内或者碰巧遇到的人中选择交往对象。简言之，孤独的情境能激发更强的交往动机。

在人际关系的选择阶段中，个体对他人的注意是单向的，即彼此的注意不需要或者没有得到反馈。选择阶段中包含初步的交往尝试，如点头致意、微笑打招呼等，这些人际交往反应可以判断对方的交往意愿。设想在大学开学后的第一次班会上，你觉得某人看起来还顺眼，并希望与之建立更进一步联系的话，有可能会向他借支笔或借张纸，借此来判断对方的交往意愿。如果对方态度冷淡的话，你可能会调整交往方向与交往行为；如果对方热情回应了你的请求，你还有可能会问他：待会儿班会结束去哪里，要不要一起去，等等。

（二）探索阶段

在人际关系的探索阶段中，双方共同参与活动，并在共同活动中探索彼此在哪些方面具有相似性，或者是否可以建立更为深入的情感联系。探索阶段早期，提问是交谈的主要形式，这是促进相互了解的快捷方式。随着双方发现了越来越多的情感领域，彼此的交流也会越来越广泛，开始向对方投注情感；但是，如果双方发现彼此在很多方面存在分歧，并且似乎在短期内不可调和，那么，这段人际关系很有可能会因此而止步，个体转而选择那些更具价值或者在交往上费力更小的对象来交往。

（三）情感交流阶段

在人际关系的情感交流阶段中，关系性质与此前阶段相比发生了重要变化，双方不但沟通越来越具有深度，而且开始相互信任彼此，并伴随着更深的情感卷入。此时的人际交往具有亲密关系的特点。海德所提出的平衡理论认为：具有亲密关系的双方需要保持态度系统和情感系统的平衡，所以，一旦出现态度或观点的分歧，双方会相互提供评价与反馈，具体表现为相互批评或指责的行为，这些行为旨在使处于情感交流阶段的双方重新达到关系的平衡。

（四）稳定交往阶段

只有少量的人际关系能够进入到稳定交往阶段，能够代表这一阶段人际关系状态的词汇通常是知己、闺蜜和最要好的朋友等。处于稳定交往阶段的双方，彼此相互了解对方的重要经历，熟悉对方的行动风格，能够预测对方在特定情境中将做出何种反应。双方的心理相容性不断拓展；在此阶段中，相互允许对方进入自己的隐私领域，主动向对方进行广泛而深刻的自我暴露。

人际关系的建立与发展，大体上可以分为上述四个阶段。在选择阶段中，人与人之间主要是单向注意关系，伴有尝试性的沟通。随着人际关系的不断深入，个体的心理领域开始逐渐重合，在了解对方的过程中，改变着自我也不断尝试影响对方。只有少量关系能够进入到稳定交往阶段，而这种类型的人际关系通常可以向个体提供安全感和稳定的社会支持。

二、自我暴露的层次

人际沟通是人际交往的必要成分，当沟通者个人状态（私人信息）开始传播时，自我暴露就发生了。所谓自我暴露是将个人信息传递给他人。[3] 与自我有关的信息中，有一部分是可以展示给他人的公我信息，还有相当一部分内容是一般情况下不愿向他人展示的私我信息。因此，根据所暴露的自我信息的私密程度，可以将自我暴露划分为不同层次。

（一）公我层次

自我暴露的第一层次所展现的是公我信息，如姓名、性别、饮食及其他偏好。当人们缺乏安全感的时候，会减少暴露与自我有关的信息，如我们不会轻易把姓名告诉给那些看起来有不良企图的陌生人；但是，在正常的人际交往中，公我层面的信息是人们乐意传递的，甚至有不少人喜欢向别人介绍自己的某些表层信息，如自己喜欢哪些球类运动，以及饮食偏好如何。热情的人际交往者不但愿意向他人展示自己，也愿意去了解他人的各种信息，通过传播与收集公我信息，可以发现交往者之间还有哪些可以深入探索的生活领域。

（二）态度层次

态度是人对社会客体的评价与稳定的反应倾向。与公我信息不同的是，它涉及对第三人、事、物的评价，不再完全是有关自己的信息了。如果两个人所谈论的是天气，那么，他们之间的人际沟通基本不涉及自我暴露的问题；如果两个人开始评价他们的同事、朋友或者上司，那么这些评价信息的自我暴露程度无疑会更高。所以，当两个人开始谈论他们对彼此以外的人或事的看法时，那么他们之间的自我暴露水平比公我层次更加深入。

（三）私我层次

私我是个体一般不愿意向外界公开的自我内容。例如，过于消极的自我评价，有些人对自己的智商或情商评价较低，他们不愿向外界泄露这类信息，因为这类信息可能会进一步引发他人对其产生负面评价。然而，对于那些可以信任的朋友则不然，私我层次的自我暴露极有可能获得积极的社会支持，或者在没有威胁的情境下达到宣泄的效果。再例如，个体与父母亲的关系状态，尤其是当这种关系并不和谐时，个体通常会把这些自我内容纳入在私我领域之中，只在合适的时候才做自我暴露。

（四）隐私层次

隐私是指个体不愿意被他人所获悉的经历或事件。典型的隐私包括个体第一次性经历、所做过的坏事等。人们很少会暴露自我的隐私信息，除非在相互信任的情况下，在最好的朋友中间，相互暴露彼此的隐私现象经常存在。当然这样做也有风险，一旦人际关系出现裂痕，当事人会担心自己的隐私被公开。还有一些时候，即使在没有深入交往的情况下，个体也有可能会自我暴露隐私信息，就像在匿名网络聊天室中发生的那样，至于其中原因将在后面加以分析。

自我暴露与人际关系的深度有关，不同层次的自我暴露反映了关系的不同深度，而不同阶段的人际关系中所能够自我暴露的信息也是比较稳定的。自我暴露的四个层次与人际关系发展的四个阶段不是严格对应的，但是，具有相互呼应的关系。自我暴露可以促进人际关系的发展，良好的人际关系也是在自我暴露不断深入的过程中建立并发展起来的。

（五）自我暴露的原因

导致个体进行自我暴露的原因一般有如下几种[1]：首先是宣泄的需要，一种与自我有关的经历或者自我描述，会引发与之相应的内在感受与体验。而这种体验或感受，只有通过向外传播，才能缓解由此而带来的紧张感。假如你通过购买体育彩票而获得了100万元奖金，你想做的第一件事是什么呢？大多数情况下，你可能会把这件令人兴奋的事情向某人宣布；假如你担心中奖消息的泄漏会带来不良后果，你可能把中奖消息保密1天、1周甚至1年，然而保密时间越长，把这个消息传递给特定对象的欲望也就越强，这就是宣泄欲望的直接表现；又假设你今天遭遇了职场上的"滑铁卢"，你不希望向任何人提起以免伤害到自尊，但是，只要你还记得这次经历，总是有找人宣泄的需要。

自我暴露的第二原因是自我澄清。通过向朋友暴露相关事件及其感受，我们可以进一步了解自我的状态，增进与自我有关的觉察。即使个体具备一般化他人的思考能力，大体能够推测朋友获悉这一消息时的反应，但现实中交流与讨论对于自我确认与自我觉察具有不可替代的作用。与朋友谈论自己的经历，可以帮助个体更好地理清自身认识与感受的适当性。

自我暴露的第三个原因是社会支持与社会控制。当个体暴露了自身经历或自我概念之后，朋友可能会安慰我们说："这种情况再正常没有了，就拿我的例子来说吧……"这种社会支持让我们感到那些令人困扰的事情其实没什么大不了的。自我暴露还有社会控制的作用，拒绝自我暴露可以保护隐私，而有意识的自我暴露可以增进与对方的人际关系，可以控制他人关于我们的形象，甚至有时还会通过编造自我暴露内容来影响他人，例如，编造一个令人感动的童年经历，让听者感觉自己是个重感情的人。

人际交往中一方的自我暴露，会促进另一方做同样的事情。当一方暴露了自己某些重要的信息时，另一方会感到一种压力，觉得自己也需要暴露一些类似的信息。例如，你的好朋友刚刚讲述完他的初恋，然后用期望的眼神望着你，你会怎么做呢？此时，如果你拒绝自我暴露，或者不能提供有价值的反馈信息，已经做出自我暴露的一方通常会感觉到很"吃亏"，有可能会停止自我暴露，甚至减少人际交往。

当个体感到自我暴露是安全的时候，自我暴露更有可能发生。例如，交流的另一方是我们的朋友，我们也知道对方非常善于保密，此时，自我暴露会更容易发生；又或者对方根本不知道我们是谁，对他来说我们只是一个匿名的网友，自我暴露也容易发生，即使这种自我暴露失败了，对我们的现实生活也没有什么威胁。

第三节　人际关系的改善

对于个体来说，人际关系是日常活动的基本背景，如果能够通过改善人际关系以建设更好的交往与沟通环境，那么，对于提高个体的生活质量将具有极大的助益。西奥多·纽科姆（Theodore Newcomb，1903—1984）将海德的平衡理论推广到人际关系领域中，并以此为基础提出了改善人际关系的基本方法。人际关系障碍很多时候源于个体缺乏人际敏感性，因此，旨在提高个体敏感性的 T 小组训练法也有助于改善人际关系[2]。还有学者探讨了良好人际关系存在的基础，它们也是建立并改善人际关系的重要法则[3]。

一、A-B-X 模型

纽科姆在平衡理论的基础上，提出了沟通活动理论，探讨了如何改善人际关系的问题。该理论主要通过人际沟通来实现人际关系的改变，有时也可以称之为 A-B-X 模型。A 代表沟通主体，B 代表沟通中另一主体，而 X 代表与两者都有联系的对象。当 A-X 与 B-X 两种关系性质相同或相似时，A 与 B 之间原有的积极关系会得以强化，或者原有的消极关系会受到挑战；相反，A-X 与 B-X 两种关系具有矛盾或者冲突的性质时，A 与 B 之间原有的积极关系会遭到破坏，或者原有的消极关系会得以强化。

从沟通活动理论看来，A 与 B 之间关系的改善，可以通过改变两者与 X 的关系来实现。如果 A 与 B 具有较为积极的关系，那么，可以通过寻找或创造更多相同的态度来增进关系；如果 A 与 B 之间关系较为消极，那么，通过找到并探索两者相同或相似的态度，可以提供改善关系的转机，当这种态度越重要时，其所提供的转机意义越强。这一理论在某些情境下对于改善人际关系具有非常重要的作用，如对于同事来说，他们之间的积极关系在较大程度上来自工作态度与工作意见的相似，而消极关系则主要源于工作理念与工作态度上的分歧。因此，存异求同、发现对方观点或态度的合理之处并加以借鉴，都有可能改善这种关系。

二、T 小组训练法

A-B-X 模型从理论层面探讨了人际关系改善的问题，T 小组训练法则是改善个体交往能力的一种具体操练。该方法起源于勒温，他最早在社会心理学领域中倡导了群体动力学研究，希望通过群体情境来提高个体的生存质量。T 小组训练法的主要目标是：让受训者学会耐心倾听，了解自我与他人的情感，最终实现有效的交流。

T 小组训练法的具体做法如下：首先将 10 多名受训者集中在一处封闭的场所，要求受训者暂时远离工作，听从活动主持人的要求。接下来，要求小组成员进行交流，在交流过程中不设任何目标或具体的问题，只要求每位成员针对此时此地所发生的事情进行坦诚的交流。这种聚焦于当前狭窄范围的自由讨论，逐渐会使参与者陷入厌烦和不安情绪之中，主持人要引导受训者关注自己的心理状态和心理活动，要让受训者开始更多地倾听别人讲话。

与此同时，由于坦诚交流，受训者有可能从他人那里学到以前从来没有注意过的事情。经过这样的训练，最终使受训者慢慢发现自己的内心世界，发现自己平时不易觉察或者不愿意承认的情绪，另外，由于开始细心倾听他人的信息，也逐渐能够学会理解他人、设身处地为他人着想。T 小组的训练时间不宜过短，否则可能无法达到倾听自己、倾听他人的效果。

三、良好人际关系的基础

如果有机会观察那些长期存在的良好人际关系的话，人们可能会发现其中具有一些共性的规律。良好的人际关系往往都遵循了交换性原则、自我价值保护原则和平等原则。

（一）交换性原则

人际关系具有交换性特点，当人们决定进行人际交往时，就需要付出时间、精力、情感或者金钱等方面的资源；同时也能获得有价值的资源，如对方的关心、照顾、帮助或者金钱的资助等方面。最简单的交换形式是双方彼此相互尊重、相互吸引、相互喜欢，如果一方尊重、喜欢另外一方，而另外一方却对他不尊重、不喜欢，那么，这种情感交换的不平衡必然导致关系的破裂。

能够长期维持的关系，基本上都是收益与付出基本平衡的关系，如果一种关系需要个体不断付出，却没有收益而言，个体最终会结束这种关系。不过有的时候，当个体对另外一方还有所期待，尤其是对方具有他人所没有的资源时，也有可能会持续地单方面付出，并期望最终能够赢得对方的回报。

人际关系所具有的交换性与商业交换不同。商业交换法则是明确的、固定的，而人际交换是双方根据自己的价值观进行判断、取舍的结果。这就好像在堂吉诃德的故事中，桑丘得知获得总督职位无望时，也不愿离开堂吉诃德，此时两者的关系发生变化，堂吉诃德所能给予桑丘的是骑士的友谊，而桑丘所赋予堂吉诃德的则是仆人般的关心与照顾，两者之间的交换关系依然是平衡的。

（二）　自我价值保护原则

良好的人际关系能够保护个体的自我价值。朋友之间会经常表现出相互支持的行为，他们的沟通与交流能够保护双方的自我价值。如果某位朋友总是指责你，并且让你感到自我价值受到威胁的话，你会怎么做呢？通常人们首先会为自己辩解，如果这样还不能减少指责，则会结束关系。偶尔有这样的情况，某位朋友虽然不指责我们，但是，他的个人能力过于突出，在方方面面都超过我们，导致我们认为自己非常无能，对于这样的朋友来说，我们也经常会敬而远之。

（三）　平等原则

平等原则是指在人际关系中双方应该以平等态度待人。交换性原则是从人际关系的价值或功能出发的要求，自我价值保护是从个体内在需要出发的要求，而平等原则是人际双方的共识以及对待彼此的态度。人与人在交往过程中，社会地位与社会角色很可能不同，但是，人际关系的重要特性在于去角色化，它是一种私人间交流，在交往过程中，双方能以平等态度相待，不会因为地位尊贵就表现出高人一等，或者因为地位低就低三下四，而是让双方都能放松而有尊严地交往，并且在人际关系中能有安全感，这是良好人际关系的第三个基础。

以往关于良好人际关系基础与原则的研究，对于改善人际关系也具有相当重要的作用，个体在建立并发展人际关系的过程中，应当有意识地遵循这些原则。首先，能够理解人际关系的交换原则并加以贯彻，探索人际关系中另一方的内在需要，并在相互交往中给予合理的满足，同时也了解自身对他人的期待，避免不合理的人际要求；其次，在人际关系与互动中能够支持对方的自我价值，当对方肯定我们的自我价值时给予鼓励，当对方威胁到我们的自我价值时，指出他的做法对我们所造成的伤害；最后，有意营造平等的氛围，使双方在人际关系中都能感到有尊严、安全和放松。

第四节　人际关系取向理论

在前面几节中探讨了人际关系的一般性质、建立与发展过程，以及改善人际关系的理论与方法。接下来了解一下威廉·舒茨（William Schutz，1925—2002）提出的人际关系取向理论[3]，该理论能够较好地解释成人的人际交往风格差异问题。在我国，人们对独生子女的人际交往问题一直非常关心，而人际关系取向理论对于当前青少年人际交往特点也具有相当的解释力。该理论对于如何指导亲子互动也具有启发性。

一、三维人际需要

舒茨认为每个个体都有三种人际需要，他将之描述为：亲和需要、支配需要、亲密需要。所谓亲和需要，是指个体需要与他人交流、合作，建立亲和关系。亲和需要的指向较为广泛，凡是可以发生人际接触的个体，都可以作为交往与亲和的对象。亲和需要是建立人际合作与友好联系的心理基础，但不要求与交往对象建立很深的情感关系。支配需要是指个体希望影响他人、控制他人的人际倾向。舒茨认为，个体都有支配需要，只是表现形式有所不同。亲密需要是指与特定个体建立亲密关系的倾向，在亲密关系中个体可以爱他人，同时也被他人所爱。亲密需要所要求的关系具有深度的情感卷入，因此，亲密需要的指向并不广泛，只针对特定的具有吸引力的个体而产生。

二、六种人际关系取向

舒茨认为，上述三种人际需要都有两种基本的满足方式，一种是积极主动地表现需要以获得满足，另一种是被动等待他人对自己表达各种需要，也能间接满足自身的人际需要。三种基本的人际需要与两种满足方式相组合，就可以构成六种基本的人际关系取向。

其中主动型人际关系取向包括：主动亲和型，是指主动与他人进行交往，积极参与社会生活与群体活动；主动支配型，是指喜欢控制他人，愿意对他人发号施令，期望能够获得组织内的权力与地位；主动亲密型，是指愿意主动表达对他人的喜爱、友善、同情与亲密感，主动建设具有更深情感卷入的人际关系。

而被动型人际关系取向也包括三种：被动亲和型，是指不主动参与群体活动，看似不太喜欢人际交往，但是，这种类型者也非常期望他人能够与自己交往，他们表现其亲和需要的方式是被动的；被动支配型，是指不愿意对他人发号施令，也不愿意掌握组织中的权力，但是，期待别人能够给予他引导，愿意追随权威的行动；被动亲密型，是指看起来很冷淡，似乎对他人没有情感要求，但是，这种类型的人也有亲密需要，强烈地期待他人对自己表示与爱有关的情感，其以被动的方式满足自己的亲密需要。

三、人际关系取向的形成

为什么不同的人会形成不同的人际关系取向呢？例如，有人非常喜欢社交，他们总是寻求交往，并且在交往中长袖善舞；而有人却非常内向，内心向往着深厚的友谊关系，却在交往时退缩不前，无法向他人表达自己的喜爱之情。舒茨认为，人际关系取向的形成，与童年期亲子互动的经历具有重要的联系。童年期的亲子互动模式，对成人以后的人际关系取向和交往风格有着至关重要的影响。

（一）亲和需要方面

如果儿童与父母的交往少，亲子依恋程度不高，则会导致儿童的低社交行为模式，具体表现是：儿童不主动参与群体生活或者社交活动，总是与他人保持一定的距离，不敢或不愿意主动与他人交往，当没有人与他们主动交往时，他们倾向于进行自言自语式的自我交流。就当前情况而言，留守儿童面临这一问题的可能性更大，他们小的时候父母不在身边，爷爷奶奶与之代沟过于巨大因而交流较少，这都有可能导致儿童形成低社交行为模式，长大之后会保持被动亲和型的人际交往风格。

如果儿童与父母交往过度，亲子依恋过强，则可能导致儿童出现高社交行为模式，具体表现为：儿童对于人际联系的需要过度，总是寻求与人接触，甚至在人多的时候表现得非常忙乱，得不到他人注意时会感受到痛苦，以各种方式获得他人的注意。在"六一"抚养模式（即父母、爷爷奶奶、姥姥姥爷六个成人抚养一个独生子女）背景下，高社交行为模式更有可能出现，这种行为模式一旦形成，其在成人之后依然会表现出对交往的过度需求。

如果儿童与父母具有适宜的互动、交往、沟通与亲和，那么，更有可能形成理想的社交行为模式。这种模式具体表现为：儿童在有人互动的情况下，能够主动与之交往，既不会表现出怕生，也不会表现出过度寻求关注；当儿童独处时，也不会产生不安全感或者被抛弃的感觉。其在成人以后，无论是处于人际关系之中，还是自己孤身一人，都能根据情境选择适度的行为方式，人际关系状态较好。

（二）支配需要方面

儿童与主要抚养者在控制关系上的状态，会影响他们的支配风格，并塑造成人以后的人际支配类型。如果主要抚养者能够对儿童既有所要求，又能给予他们行为上的必要自由，使之能够在抚养者的指导下具有行动的自主权，那么，容易形成儿童民主式的行为方式，具体表现为：既愿意影响别人、命令别人，又愿意在必要的时候接受他人的影响。其在成人以后，当环境有所要求时，能够站出来发号施令，愿意掌握组织中的权力；当他人给予合理要求时，又能充分接受他人的支配。

但是，如果抚养者对儿童过分控制，则可能会产生多种不确定的后果：一是儿童形成专制式的行为方式，他习得了抚养者控制他的模式，对身边的人发号施令，长大之后也独断专行；二是儿童形成了顺从的行为模式，他只愿意接受他人的控制，不愿意支配或影响他人，长大以后面对他人的支配也非常顺从，而且不愿意对所在组织负起相应的责任。

　　（三）亲密需要方面

　　亲密需要主要与爱有关。如果儿童在小时候得不到双亲的爱，父母经常以冷淡的态度训斥他们的话，儿童容易形成低亲密行为模式，具体表现为：他们听话懂事，表面上非常友好，但是与人的情感距离大，内心经常担心自己不受欢迎，因为父母的冷淡留给了他们这样的担心。长大以后，他们对建立亲密关系不自信，一方面强烈地寻求爱以弥补爱的缺失感；另一方面又害怕亲密关系及其情感，担心对方不会爱真实的自己或者真实的自己不可爱，有时以逃避的方式来避免焦虑。

　　如果儿童小时候生活在溺爱环境中，容易形成超亲密行为模式，具体表现为：强烈地寻求他人的爱，认为每个人都应该爱自己，希望周围的人能够与自己建立相当亲密的情感联系。长大以后，他们既容易向他人表达爱的情感，也有可能因为他人不够爱自己而感到生气。对他们而言，获得他人的爱是自然而然的事情，他们有可能不了解怎样做才能得到他人的亲密感。

　　如果儿童与父母的亲密关系适当，儿童既能得到父母的关心和爱护，这种亲密感又不过度，同时也知道应该如何爱父母，那么，容易形成理想的亲密行为模式，具体表现为：对父母爱自己这件事具有很强的安全感，同时也知道自己应该如何回报父母的爱。其成人以后，不会因为被爱而受宠若惊，也不会因为暂时没有亲密关系而怀疑自己不可爱，或者由此产生爱的缺失感。总之，能够恰如其分地对待自己的情感。

　　就日常经验而言，人际关系取向理论在解释人际交往风格差异时很有说服力。但是，如果个体将自身的关系障碍或交往风格问题完全归结于父母的抚养方式，则极有可能会阻碍个体的心理成长。个体无法选择自己的成长环境，父母对子女的抚养方式不仅受到社会经济条件限制，而且受到他们父母的抚养方式影响。如果个体对自身人际关系取向问题只做外归因的话，那么，对于未来改善人际关系的现实状态是不利的。

参考文献

[1] 泰勒，佩普劳. 社会心理学 [M]. 谢晓非等译. 北京：北京大学出版社，2004：247-248，287.

[2] 全国13所高等院校《社会心理学》编写组. 社会心理学 [M]. 天津：南开大学出版社，2008：233-235.

[3] 中国就业培训技术指导中心，中国心理卫生协会. 心理咨询师 [M]. 北京：民族出版社，2012：165-168.

第九章　人际吸引

爱情中的欢乐和痛苦交替出现。

——乔治·拜伦（英国）

人际关系包括个体间各种形式的心理关系，人际吸引代表着人际关系的积极形式，与之相反的是人际排斥、人际疏远。从情感卷入深度而言，人际吸引可以分为亲和（affine）、喜欢（like）与爱情（love）。亲和关系能够体现人类的社会性，亲和需要要求个体与周围大多数人建立有意义的普遍联系，这种人际联系不要求卷入过多情感，但能作为后继相互合作的心理基础，其具有"随遇而安"的特点，没有过多的选择性可言；喜欢关系即友谊，是个体与少数个体建立的、具有较深情感卷入的稳定交往关系，它能为个体提供安全感与可靠的社会支持；爱情很难定义，它是两个个体之间发生的、具有强烈生物化学反应基础的一种人际关系，在人际关系的所有形式中，爱情是情感卷入水平最深的心理关系之一。

从情感角度来看，亲和、友谊与爱情的情感卷入水平逐次提高，关系中各方的人际吸引不断加强。但是，心理学家齐克·鲁宾（Zick Rubin）认为，仅从情感深度的角度来分析三者之间的差异意义不大，尤其是友谊与爱情，完全是两种不同的情感，其差异主要体现在三个方面：首先，爱情具有依恋性，相爱的双方无法忍受分离，而朋友之间的分离远没有爱人分离那样痛苦。而且当一个人感到孤独与痛苦时，更愿意找相爱的人来陪伴。其次，爱情具有利他性。朋友关系中的交换性更为明显。在相爱的人中间，只要有爱情的回报，往往对个人利益得失全不计较，甚至有的人会高度认同对方，愿意为之做出最大程度的牺牲。因此，爱情中的利他性往往比交换性更为突出。最后，爱情需要性爱作为基础，相爱的人之间有身体接触的需要，而在朋友之间则没有这种要求。[1]鲁宾的分析听起来不无道理，三种差异都有其生理基础，然而，具体的表现形式也受到文化的影响。

本章所论述的人际吸引，实际上涉及以上三种形式的人际关系，虽然研究者普遍认为不同形式的人际关系所体现的人际吸引程度不同，但其作用机制基本相同。心理学从可观察、可测量的微观变量出发，分析了日常生活中人际吸引的影响因素，对于解释人际吸引现象、改善人际关系状态都具有现实意义。另外，作为人们最为关注的人际关系形式，亲密关系也在本章进行探讨，其体现了人际吸引的某些特殊层面内容。

第一节　人际吸引的影响因素

在了解本节内容之前，先回忆一下在以往生活中最吸引我们的那些人。他们可能是我们的朋友、邻居、爱人或暗恋的对象，当重新分析当时他们为什么能吸引我们时，可能会发现一些共性的特征：他（她）看起来顺眼或者仪表亮丽、有着一项或者几项突出的能力、具有真诚或热情的人格品质、与"我"交往比较多因而有机会全面了解，并且与"我"有许多相似的方面，或者有着某项"我"所没有的特征。以上这些影响人际吸引的因素，在心理学研究中得到了反复的验证。

一、外貌

仪表信息是人际沟通中最容易获得的信息类型之一，其对人际吸引的影响力也最为直接。人们会不会仅仅因为一个人的美貌而喜欢或爱上他（她）呢？答案是：至少在交往初期有可能如此。外貌的魅力来源于多个方面，如面孔和体形等，而面孔最能代表外貌的吸引力情况。新生儿对于人类面孔具有与生俱来的敏感性，面孔对于社会认知的作用不言而喻，人们可以从面孔中进行诸多的社会推断，这些推断会影响后继的交往行为。

（一）美貌产生吸引力

美貌有助于获得良好的第一印象，而良好的第一印象又容易形成光环效应。人们对美貌存在诸多的刻板印象：认为美貌者更加聪明、更加热情、更加善于社交，就像在主流电影中扮演好人的演员通常是漂亮的，而扮演坏人的演员通常较为"丑陋"；如果导演在安排角色时，有意将这种现象颠倒过来，那么，可能难以获得观众的认可，因为相反的安排不符合观众心目中对外貌的预期与刻板印象，观众很可能会认为那样看起来"不符合现实"。

现有研究非常一致地支持外貌对于人际吸引的作用。1996 年，哈特菲尔德（Elaine Hatfield）及其同事在明尼苏达大学举办了一场新生入学舞会，这场舞会又被称为电脑舞会，因为受邀参加的 752 名新生全部都是通过电脑随机得到的舞伴。在参加舞会之前，研究者测量了每位同学的智商、独立性、敏感性、诚恳性和外表吸引力等因素，在人们在描述为什么会喜欢别人时，通常会提及智商、独立性等如上要素。在舞会上，随机配对的舞伴被要求共同活动，至少绝大多数时间必须要和分配的舞伴在一起，这样保证双方有足够的时间去交流、去了解对方的特点。舞会结束后，每人还要再次填写一份简短的问卷，问卷要求其对舞会的感觉进行评分，同时描述自己与舞伴再次约会的渴望程度，这个问题可以反映一个人的人际魅力以及对他人的人际吸引程度。研究者发现：人际吸引力主要与外貌评价相关，其他因素对人际吸引力也有影响，但是，外貌对人际吸引的影响最为显著。[2]

基于进化论心理学的研究认为：男性比女性更加重视外表吸引力，而女性更加重视男性所占有资源的情况，因此，女性的外貌和男性的资源是影响两个性别的人际吸引力的重要因素。不过这一观点需要接受文化偏好的挑战，至少在中国文化中，鼓励男性欣赏女性的外貌，如"窈窕淑女，君子好逑""郎才女貌"等，然而却不鼓励女性表达同样的偏好，如果有女性这样做的话，可能被引为笑谈。《艺文类聚》中有这样一则故事：齐人有一个女儿，有两家的男子上门求亲，东家的男子富裕但丑陋，西家的男子貌美而生活贫苦，父母不好抉择，就问女儿的意思。母亲对女儿说，如果想嫁东家就露出左臂，如果想嫁西家就露出右臂，结果女儿把两支手臂都露了出来，父母不明白是什么意思，女儿就解释说："我想白天在东家吃，晚上在西家住。"一时引为笑谈。当然随着社会文化的变迁与女性经济地位的提高，中国的女性也越来越愿意表露自己对男性美貌的偏好。

有研究进一步区分了两种类型的亲密关系，一种是有承诺的长期关系，这种关系通常发生在潜在的婚配对象身上；另一种是没有承诺的短期关系，这种关系通常不指向婚姻。研究发现：在长期关系中，无论对于男性，还是对于女性，外貌都不是吸引力的首要因素（但男性确实比女性更加重视外表吸引力）；然而对于短期关系而言，男女两性都认为外表吸引力是最重要的。[2]不同类型关系中的偏好逆转现象说明：外表特征是产生吸引力的重要来源，越是原始的人际反应越重视外貌特点。

（二）美的内涵

中国有句古话：情人眼里出西施。其潜台词是：即使别人看来没有吸引力的人，在相爱的人看来也是美的。但这句话所存在的问题是：这种爱是如何产生的？是不是每个人都有一种偏爱类型？还是大家所爱的人都具有相似特点？一般认为，美具有流行的通用标准，美感所产生的生理基础，使其具有跨文化的稳定性。以明星为例：章子怡的美貌不但被中国人所欣赏，外国人同样认同她的美；而哈莉·贝瑞的面孔吸引力同样也是跨越种族的。那些被普遍认为美的面孔，往往有着相同或相似的特征：光洁的皮肤预示着较好的免疫力，五官对称表明没有明显可见的基因缺陷，等等。到目前为止，关于面孔美的流行观点主要有三种：特征观、比例观与综合观。

1. 特征观

这种观点认为：美是良好特征的组合。迈克尔·坎宁安（Michael Cunningham，1952— ）收集了 50 张女性照片，请男性大学生对他们的面孔吸引力进行评分。结果发现：男性对女性外表的高评价与面部器官的特征具有密切关系，如高挑的眉毛、大眼睛、高耸的颧骨、小巧的鼻子、窄小的下颚和明显的笑容。当一位女性具有上述特征时，她通常被男性评价为貌美。生活经验确实可以在一定程度上支持特征观。当研究者使用相似的方法考察女性对于男性面孔吸引力的评价时，发现男性面孔的较高评价与大眼睛、高耸的颧骨、明显的笑容、较宽的下颚和宽大的面颊有关。[2]男女两性的面孔吸引力中有些共同的因素，如大眼睛、高耸的颧骨和明显的笑容。

高耸的颧骨通常被视为性成熟的标志；明显的笑容则是自信与健康的社会符号；大眼睛则是婴儿面孔的典型特点，能够激发观者温暖的感受和照顾的意愿。这些被男女两性所共享的面孔魅力特征具有不同的属性，这喻示着美具有丰富的内涵与维度。不妨假设男女两性的美都具有三个维度：可爱、性感与承诺。可爱的维度包含着许多成人与婴儿面孔所共享的特点：大大的眼睛、光洁的皮肤等。性感的维度主要体现在颧骨和下颚上，高耸的颧骨是性成熟的生理标志，对于女性来说较小的下颚更为性感，而对于男性来说，比女性略宽大一些的下颚更性感。而承诺维度主要体现在"去性特征"上，对男性来说，典型的承诺特征，如淡眉与面部汗毛稀少，预示着雄性激素活动状态较弱；对女性来说，所谓的清纯特征实际上也是去性感化的。

2. 比例观

美貌的比例观并不否定特征观，但是其认为，面部的潜在比例合理才是美的关键。美的比例涉及四个主要方面：面孔宽度（面孔两侧纵向发际线之间的距离）、面孔长度（发际线中央至下颚顶点的距离）、眼睛宽度（两个瞳孔中心的距离）、眼睛到嘴的距离。比例观认为：眼睛宽度占面孔宽度的46%，并且眼睛到嘴的距离占面孔长度的36%，最符合美的黄金比例。比例观可以找出一些符合这种比例要求的美貌者，但是，由于测量较为复杂，使用肉眼较难把握，所以其解释力相对较为抽象。

3. 综合观

综合观是在特征观的基础上提出的，其认为：那些对其他人能够产生吸引力的面孔，是处于整体人类面孔特征的代数均值位置上的。有研究者使用电脑把两位女性的面孔照片制作成一张合成面孔照片，合成脸的特征是原来两位女性面孔特征的平均值，然后请人评估包括合成面孔在内的3张面孔照片的吸引力。结果发现：观察者认为合成面孔更具吸引力。研究者不断增加照片材料的数量，将之合成新的面孔，然后再进行比较，这些后继研究获得了相同的研究结论：观察者认为合成面孔比每一张真实的面孔都更具吸引力。[2]为什么合成面孔比真实面孔更具吸引力呢？答案可能是：合成照片摒弃了每位个体的突兀特点，保留了更加对称、更加令人熟悉的面孔特征。假设研究者能够将所有人的面孔照片合成在一起的话，使之具有每张面孔的特征，这些使用所有人面孔合成的新面孔，将成为我们最熟悉的陌生人，并会因为熟悉感而产生吸引力（熟悉感对吸引力的影响请参见本节"四、交往频率"）。

（三）美与文化

鉴于美的标准之复杂性，关于面孔美的探讨才刚刚开始。现存的关于面孔美的观点都存在一些无法解释的现象。例如，有些明星极为突出的个人特征可能会成为其美貌的符号，成龙的大鼻子并不让人觉得难看，舒淇的嘴唇让很多人感觉到很性感，而艾薇儿夸张的嘴角也令很多人羡慕不已。然而在综合观看来，这些本应该是让人感到不熟悉、不舒服的离差特征。

随着时代的发展，人们看待美的标准也会发生变迁。以 20 世纪美国文化对女性审美标准的变迁来看：20 世纪 30 年代，美国人喜欢感性、优雅的古典美女；20 世纪 40 年代，成熟女性美备受推崇；20 世纪 50 年代，丰满成为女性美的流行趋势；20 世纪 60 年代，明眸皓齿更容易被美国人欣赏；20 世纪 70 年代，清新自然的女权者形象成为美的代言；20 世纪 80 年代，金发的家庭主妇成为审美的主角；而到了 20 世纪 90 年代，超模们引领了美国人的审美观点，"瘦"也成为世界流行的女性审美标准之一。当大众传媒与流行文化结合以后，那些能够得到大量观众认同的明星，可能会左右人们审美的标准，这也体现了流行文化对审美标准的影响。

二、才能

才能可以增加人际吸引力，人们通常喜欢那些有才能的人。与有才能的人交朋友，意味着可能获得潜在的收益。在小说《围城》中，赵辛楣划分了两种类型的朋友：一种是有趣的，另一种是有用的。要想做个对他人有用的朋友，通常需要人们具备一些特殊的才能。例如，如果精通网络与计算机技术，周围人遇到相关麻烦时可以给予帮助；如果善于为他人排解心理问题，周围人在遇到这类问题也可以求助。能够帮助他人的才能，可以增加人际吸引力，这也充分体现了人际关系中的交换性原则。另外，与有才能的人交朋友，往往意味着我们也具有某种才能，能够与之构成才能方面的匹配，因此，与有才能的人交朋友可以带来社会价值的肯定，这也是才能产生人际吸引力的源泉之一。

才能的吸引力存在一些特例情况，当一个人的才能过高，甚至方方面面都强于周围人的时候，会让周围人感到很大的比较压力，甚至威胁到个体的自我价值感，此时，才能不但不会产生人际吸引力，还有可能会导致人际排斥。人们会拒绝与那些各个方面都才华横溢的人交往，以此来维护自尊并保护自我价值。那些特别有才能的人有一些小的缺点，或者在某一方面完全无能，反而有可能增加其人际吸引力。就好像《生活大爆炸》中的谢尔顿，作为一名才华出众的年轻物理学家，如果他在每一方面都非常完美的话，就很难交到朋友了。因此，在该剧的人物设定中，谢尔顿的情商过低反而成为他讨观众们喜欢的重要因素，当然，这种"无能"的吸引力，乃源于他在另一方面的超常才能。

三、人格

如果说外貌是影响人际吸引力的最直接因素，那么，人格特征就是影响人际吸引的最稳定因素。随着交往程度的深入，美貌所带来的心理效益会下降，人们逐渐对交往对象的外貌不再敏感，转而关注对方的行为风格与人格品质。对于友谊与亲密关系来说，人格特征的影响是持久而且重要的。人格特征所能带来的交换价值或代价能够在长期内发挥作用，例如，与慷慨者交往，可以长期受益，与吝啬者交往，则有可能会长期受损。对于长时间存续的关系来说，人格因素对人际吸引力的影响非常大。

哪些人格特征对人际吸引的影响最大呢？阿希通过实验研究发现：热情对于形成印象具有非常重要的意义。作为一种交际风格的热情特质，确实能增加个体的吸引力。所谓热情，是指在人际交往中具有主动性，并对人际交往的过程与结果抱有更为积极的期待。交往对象的热情，能够减少交往者的付出；作为与热情相反的人格特质，冷淡有可能会浪费人们在交往中的投入，即使在不断增加投入的情况下，也不一定能够获得高质量的人际关系。所以，热情与冷淡对于人际吸引力的影响，可以从人际交换性的分析得到支持。

另外，真诚也是影响人际吸引力的最重要的人格特质之一。有研究者让人们列举了人际交往中最受欢迎和最不受欢迎的人格特征，结果发现：最受欢迎的人格特征几乎都与真诚有关，最不受欢迎的人格特征几乎都与虚伪有关[1]。真诚的人在交往中容易预测，可以使个体由于受到背叛而受到的损失降低到最小；虚伪则会增加人们受到背叛的可能性，所以，一旦人们发现某人存在虚伪的问题，一般不会在其后的交往中提心吊胆地辨别其所传播的信息是真还是假，而是直接拒绝与之交往，这样会减少潜在的交往风险和人际损失。

四、交往频率

熟悉是导致人际吸引的重要原因，熟悉意味着我们有着丰富的经历或经验，熟悉的东西可以带来安全感。因此，人们在交往中更加偏好自己所熟悉的事物，换言之，感觉到熟悉的东西吸引着我们。相反，如果来到一个陌生的环境，很多人是第一次遇到，需要投入大量的认知精力进行控制性信息加工，可能会让人们感到非常疲劳。所以，除非所带来的益处非常明显，陌生的事物大多数时候会让人们产生排斥心理。

熟悉也意味着可获得性，即我们有条件接触到该类人或行动。在可获得性因素中，邻近也是增加人际吸引的一种非常重要的因素。与人们邻近，如住在同一个社区、在同一所学校上学、参加同一个社团的活动等，都暗示着人们之间具有很多共同点，这可能会使交往更加便利。邻近可以创造更多的交往机会，交往机会越多意味着越熟悉，因此，邻近与熟悉两个因素经常相互作用。

无论是熟悉，还是邻近，都与交往频率有关。邻近能够创造交往机会，增加交往频率，而交往频率的增加，能使交往双方之间更加熟悉。那么，交往频率与人际吸引之间具有何种联系呢？罗伯特·查荣克（Robert Zajonc, 1923—2008）及其同事向大学生呈现一组照片，这些照片的呈现次数各不相同，照片呈现结束后，请被试对照片中人物的吸引力进行评分，结果发现：出现次数越多的照片，往往越容易被评价为高人际吸引力。他们因此提出了单纯接触效应，即通过增加接触次数，就可以增加人们对其喜爱的程度。[3]

五、相似性

俗话说："物以类聚，人以群分。"人们更喜欢和那些相似的人接触，这种相似包括态度、观点、人格特征、价值观、经验和兴趣等。人的生活圈子在很大程度上限定了交往范围，无论如何，人们也不会和圈子内的每一个人进行交往，人际吸引的增加和关系的发展需要依靠相似性。纽科姆做过一项经典研究，他在密歇根大学附近租了一幢公寓，并向男性大学生提供免费的双人宿舍，申请者需要协助他完成研究。这些大学生在入住公寓之前，详细填写了一份个人调查清单，清单涉及他们的生活背景、观点、态度、宗教等重要方面的内容。然后，实验者依据这份调查清单的内容控制了房间的分配，其中一部分房间幸运地住着具有相似性的人，另外一些房间则相反，实验者有意把一些没有相似性的两个人安排在同一宿舍。一个学期结束以后，纽科姆通过调查发现：背景与观点相似的室友，很容易成为好朋友；相反，那些住在一起但分歧很大的室友，则倾向于相互厌倦，他们很难成为朋友。[3]类似的研究得到了美国大学生宿舍管理者的重视，目前相当一部分的美国大学宿舍安排是遵照住宿申请调查结果的相似性来分配的。

一项关于男性同性恋的择偶倾向研究发现：男性同性恋者也在寻找与自己人格特征相似的对象。例如，在男性特质测验中得分较高的男性，希望找到逻辑性较强的伴侣，而逻辑性强通常被认为是较为典型的男性特征；女性特征分数较高的男性同性恋者，则希望找到具有很强表达能力的伴侣。[2]这一点与人们的日常经验相去甚远，多数人会想当然地认为：具有女性特征的男性同性恋者倾向于寻找男性特征明显的伴侣。

六、互补性

互补性是指社会角色、性格、功能等方面相互配合的特征，它会增加交往双方的人际吸引力。举例来说,医生与护士之间能够体现社会角色的互补,内向与外向的心理特征差异也可以视为互补的形式,具有支配性的个体与愿意受人引导的个体之间,具有社会功能的互补。另外,进化论心理学发现,人类择偶过程中存在地位和相貌的互补现象,即在不同文化中,都存在男性喜欢年轻漂亮的女性而女性喜欢年长而有资源的男性的现象。[4]当互补性能够带来有价值的交换时,确实可以产生强大的人际吸引力。

但需要指出的是,很多时候某些方面的相反与互补,之所以能够导致人际吸引力的增加,是建立在相似性基础之上的。高尚与下流之间虽然相反,但是无法同流合污,因为两者具有完全不同的价值观。内向的丈夫与外向的妻子之间也不一定能够和谐相处,其融洽相处的前提是彼此承认双方性格具有各自优势的相似性态度基础;相反,如果内向的丈夫认为外向的妻子太聒噪,而外向的妻子认为内向的丈夫太沉闷的,两者之间则很难产生吸引力。因此,互补性所产生的人际吸引力是以相似性作为基础的。

第二节　亲密关系

在有关社会态度的论述中,通常将亲密关系定义互动频繁、相互之间影响力较大的关系;而作为人际吸引程度最为深入的一种关系形式,亲密关系通常是指爱的关系。在这两个不同领域中亲密关系的着重点不同,我们可以将前者称为广义的亲密关系,而将本章所论述的内容称为狭义的亲密关系。爱情中的亲密感是很难测量的,源于其情感与认知维度都非常复杂,很难使用"爱不爱"或者"有多爱"的问题来全面回答。本章将从爱情的类型、爱情三元理论,以及配偶的选择等三个方面来展开论述。

一、爱情的类型

爱情是复杂的,可以根据不同标准划分成许多种类型。例如,可以根据爱情的动机将之分为功利型爱情、利他型爱情、占有型爱情和游戏型爱情等。功利性爱情指向满足自身的某种需要,如分享对方的丰富资源;利他型爱情是指恋爱中的双方以利他为目标和动机,希望对方能够生活得更好;占有型爱情是指爱情中的一方或双方希望完全占有另外一方,无法容忍对方的冷淡或背叛;而游戏型爱情是指恋爱中的人缺乏爱的责任感,其恋爱动机是获得个人的愉悦与快乐。[1]

哈特菲尔德将爱情划分为激情爱和伙伴爱两种类型,这也是迄今最有影响力的爱情分类之一。激情爱是指对某个人具有强烈的渴求,希望能够与对方亲密互动,并且发生身体或性的接触。如果激情爱能够得到呼应,处于激情爱中的人会感到极大的满足与狂喜;相反,如果激情爱得不到回应,当事人会感到非常痛苦与绝望。伙伴爱是一种由于长期交往或相互理解而产生的亲密感，这种爱情有可能从友谊中产生，也有可能在退却的激情爱中出现。在伙伴爱中，性的激情与生理唤醒开始减退，但彼此的关心、欣赏和亲密感不断增加。

二、爱情三元理论

在与爱情有关理论中，斯滕伯格（Robert Sternberg，1949—　）所提出的爱情三元理论最有影响力[1]。所谓的爱情三元，在斯滕伯格看来是爱情的三种要素：亲密感、激情与承诺。亲密感是一种相互理解、支持、欣赏、依赖的情感，激情与性的魅力有关，是发生性接触的强烈渴望，而承诺是相爱双方愿意建立长期关系、承诺将对方作为终身伴侣的意愿。这三个要素对于爱情来说，是不可或缺的，这也是爱情不同于一般情感之处。

爱情三元理论认为，根据三种要素的组合情况，可以将爱情分为不同的类型：第一种是以亲密感为主，激情与承诺成分很少的"喜欢"，如果喜欢勉强算得上爱情的话，其较常见于个体从不成熟向成熟转变的发展阶段中；第二种是以激情成分为主，喜欢与承诺要素都很少的"迷恋"，迷恋式的爱情以性吸引为主要特征，双方不考虑承诺问题，也可能很少有亲密感，但是，却被对方的生理特征所吸引；第三种是以承诺成分为主，激情与亲密感要素很少的"空洞的爱情"，斯滕伯格认为，既无亲密感又没有激情、只有承诺的爱情是非常空洞而且没有意义的；第四种是以激情和承诺两种成分为主，而亲密感很少的"愚蠢的爱情"，因为激情容易消退，到那时只剩下空洞的爱情，所以由于激情而导致承诺的爱是愚蠢的；第五种是以亲密感和激情成分为主，而承诺要素很少的"浪漫的爱情"，浪漫爱情虽然没有承诺，但是双方既有生理吸引又有心理上的亲密感，所以，也是一种能够得到社会认可的爱情形式；第六种是以亲密感和承诺成分为主，而激情要素很少的"伙伴的爱情"，这种爱情往往是在经历较长时间后产生的，双方具有很强的亲密感，同时也对彼此做出承诺，只是没有激情成分或者是激情成分已经消退；当三种爱情成分比较均衡时，并且爱情的强度也较高时，就是斯滕伯格眼中"完美的爱情"，相对于前面三种成分不均衡的爱情而言，完美爱情中三种要素相对均衡，并且其强度很高，能够给相爱的双方带来最大程度的愉悦。

三、配偶的选择

婚配是现代人类社会中基本的社会制度，人们对潜在配偶的选择，受到人际吸引力的影响，在所能接触到的范围内去追求那些吸引我们的人，是择偶过程的常见形式。在传统社会中，婚配受到很多现实条件的限制，如交通条件，它决定人们不可能去太远的地方寻找意中人，而现代的通信与交通条件，能将择偶过程拓展到更大的范围之中。一度在电视上非常受欢迎的征婚节目，可以将征婚者推广到更大的择偶市场之中，只要他（她）具有足够的吸引力，完全可以吸引更多的追求者，在更大的范围中进行配偶选择。

（一）爱情的发展阶段

社会交换理论认为，所有人际关系本质上都是交换关系，爱情也不例外。这种理论从成本-收益分析的视角将爱情的发展分为四个阶段[1]。第一阶段主要用于评估潜在对象的恋爱价值。当个体的生理与心理成熟到一定程度以后，便开始评估哪些人可以作为潜在的恋爱对象。通常潜在对象应该是单身，否则追求行为会受到舆论的批评，导致恋爱的道德成本过高；而且潜在对象应该是可以接触到的，具有现实可得性，评估者对这些潜在对象有一定的了解，能够在一定程度上预测与之交往的成本与收益。经过评估之后，个体会确定一份潜在交往对象的名单。

第二阶段是验证性交往阶段。在这一阶段中个体可能会同时与多个潜在对象进行互惠式交往，这种互惠式交往不但可以获得友谊关系，更为重要的是能够验证之前的恋爱价值评估是否准确，通过真实的交往去判断与谁恋爱收益更高而成本更少。对于那些收益高成本少的交往对象，亲密感会不断增强；而对于那些收益小而成本高的交往对象，亲密感会逐渐降低。当然，恋爱中的成本与收益分析非常复杂，既包括外表吸引力、才能、人格特征、家庭条件等，还包括对方是否有交往意愿等现实问题。

第三阶段是公开恋爱关系阶段。在前一阶段中，如果双方都认为彼此间的交往是最具价值的，就会协商建立排他性的恋爱关系，恋爱关系通常需要向周围人公开，双方同时停止与其他异性之间的互惠式交往。这意味着一种初步的承诺，即一般不再考虑更适合恋爱的异性是否存在的问题。

第四阶段是制度化阶段。在这一阶段中，双方为了不失去对方，共同建立了一种承诺感更高的关系，即婚姻（在某些文化中也包括订婚）。婚姻将爱情关系纳入到法律关系与经济关系之中，成为社会制度的一种，它是恋爱中承诺的最重要形式之一，处于婚姻关系中的双方有义务经营好彼此的爱情，因为婚姻一旦失败，对双方都会造成不同程度的损失。

（二）进化论视域下的爱情

进化论分析爱情的视角与社会交换论不同，其认为人的爱情行为背后动机很可能是无意识的，而不需要经过理性的计算。进化论心理学认为，人类行为的最终目标都是为了能够成功繁殖后代。因此，爱情作为人类具有共同偏好的行为，一定是有助于人类繁衍活动的。在人类繁衍活动中，男性所付出的成本与代价，与女性相比要少得多。女性能够生育的时间短于男性，而且一旦怀孕，就需要投入大量的时间和精力来照顾后代，因此，女性在选择配偶时更加慎重，与之相比，男性几乎不太需要慎重。所以，男女两性在漫长的自然选择中进化出不同的择偶模式。

对于女性来说，自然选择使她们偏好那些有资源并且愿意为自己投入资源的男性。具有社会地位和财富的男性个体，能够为抚养后代提供可靠的资源，所以，这些也成为男性的吸引力源泉；成熟男性相对于年轻男性来说，往往占据更多的资源，所以，相对来说吸引力更大；女性也喜欢男性有事业心、勤奋，以及具有良好的收入能力，这些因素与男性将会拥有的资源有关。另外，有资源的男性是否慷慨也非常重要，如果仅仅是有资源，但不愿意为自己投入资源，或者同时向多个女性投入资源而使自己所能获得的资源减少等情况，都会导致男性的吸引力下降。

对于男性来说，他们更倾向于寻找健康的、能够顺利繁衍后代的女性。而外表特征往往可以集中反映这些关键信息，年轻漂亮的面孔意味着更长的生育期以及健康的基因，适度的腰臀比可以有效预测生育的顺利与否。因此，男性在择偶过程中，更加喜欢那些具有外表吸引力的女性，而女性的外表魅力成为男性的择偶偏好，也是自然选择的结果。

（三）择偶梯度

择偶梯度现象与文化和进化都有关系。进化论观点认为，在男女共同繁衍后代的过程中，男性应该作为提供资源的角色而存在，女性作为生育的承担者，则扮演着享用男性资源的角色。这一进化需要与许多文化要求暗合，大多数文化中都存在择偶梯度的现象，女性偏好选择那些在社会地位与资源占有方面高于自己的男性。择偶梯度会限制女性选择配偶的范围，当前在我国出现的所谓"大龄剩女现象"即与择偶梯度相关，当女性有意或无意接受了择偶梯度观念之后，就会拒绝考虑那些在学历、社会地位或资源等方面不如自己的男性，而那些学历、地位和资源情况较好的男性，则因为择偶范围相对较大，可能早已完成了婚配并退出了择偶市场，于是"剩女现象"便出现了。破解这种现象的办法，主要是让优秀的大龄未婚女性调整择偶梯度观念，以拓展择偶范围。

参考文献

[1] 中国就业培训技术指导中心，中国心理卫生协会．心理咨询师 [M]．北京：民族出版社，2012：170，182-184.

[2] 阿伦森．社会心理学 [M]．侯玉波等译．北京：中国轻工业出版社，2005：290，292-296.

[3] 泰勒，佩普劳．社会心理学 [M]．谢晓非等译．北京：北京大学出版社，2004：257，259.

[4] 侯玉波．社会心理学 [M]．北京：北京大学出版社，2007：125.

第十章 社会角色

世界是个舞台，各种角色都有人扮演。

——托马斯·米德尔顿（英国）

在现代社会中，人们的社会参与具有较为明显的"去人际关系化"的特点，家庭关系与其他类型的人际关系对个体行为的影响力开始减小。以当代中国为例，子女进入成年阶段以后，通常会离开父母，去创造自己的生活。只有在重要的节日期间，如中秋或者春节，才有机会与父母、亲戚团聚，工作越忙或者越成功的个体，与家人团聚的时间越少。在传统的中国社会里，邻里关系也是非常重要的一种人际关系，而在现代城市的水泥森林中，越来越多的人不再关心邻居的情况。

在人际关系开始弱化的同时，角色规范与角色关系变得越来越重要。在工作领域中，每个人需要按照分工去扮演自己的角色，什么该做或者什么不该做的问题，不再是人际沟通与协商的结果，因为在角色分工与体系中已经有明确规定；我们不再有关心邻居、帮助邻居的现代义务，但是，作为邻近的居住者之间也出现一套角色规范，如保持公共空间的整洁、不干扰他人的生活等。人际关系与人际互动，是个体参与社会生活的两种重要背景，前者要求深度沟通和情感卷入，后者则以角色要求作为社会行动的基础，以角色规范作为社会互动的基本机制，而不要求相互间有情感卷入。对于当代人来说，人际关系与人际互动都必不可少，然而随着社会结构的变化，两者分别在不同领域中起作用。

第一节 社会角色概述

社会角色作为心理学的研究术语，是从戏剧表演中借鉴而来的。20 世纪初的一些社会互动学者认为，角色是对个体社会行动的极好隐喻，他们把社会情境比作舞台，把每个个体比喻成演员，把人类互动的规则比喻成戏剧的剧本，这对于理解现代人的行动模式具有重要意义。乔治·米德（George Herbert Mead，1863—1931）是符号互动理论的奠基人之一，他最早将角色描述为"个体可预见的行为模式"，认为可以通过角色来预测个体的行为。假设你正在国外旅游，此时迷了路，你看到了三个人，其中一位是警察，一位是商贩，一位是行人，如果需要问路的话，你会问哪个人呢？人们通常优先选择向警察询问，警察作为现代社会中的一种重要角色，其行为规范是为辖区内的人们提供安全保障与服务，为迷路的路人指点方向是其角色规范之一；对于商贩的角色来说，也许他是个热心人，作为好人的他也有可能为你指路，但为路人指路不是其角色的要求；"路人"的角色意识极低，角色规范化程度也非常低，也许作为社会参与的个体，他愿意帮人指路，但作为一种特殊角色，他同样也没有为人指路的义务。综上所述，当我们无法看出某个个体是否是热心人的时候，角色就成为预测其行为的重要依据。

一、社会角色的内涵

什么是社会角色？简单说：社会角色是个体参与社会生活时所要遵守的一套行为模式，而这套行为模式与个体在特定社会情境中的社会地位息息相关。从理论层面而言，每个人在特定的社会情境中都有一套与其地位、身份相关联的行为模式，而特定的行为模式往往伴有相应的心理状态，这些都是社会角色的内涵。

以学校背景下的教师和学生为例，教师在学校里，其主要工作是教学，他们需要备课、参与教学研讨、讲课、答疑、批改作业等，而且上述每种行为都有特定规范，这些规范在某些时候非常明显，比如在讲课的时候，学校通常对教师的着装和行为举止有明确要求，各类教学规范对于教师上课期间的教学过程和具体行为有着详细规定；与此同时，教师应该对自己的角色行为持有一种积极的情感，爱岗敬业是基本要求，关心爱护学生是基本表现，如果一位教师缺乏这些心理状态，那就算不上一位合格的教师。对于学校里的学生来说，按时上课、用心听讲、认真完成作业、尊敬教师等行为，对于学生角色来说非常重要；与此同时，学生们还需要有一种积极求学、不断完善自己的心理状态，这些都是学生角色的规范要求。如果一个人不按照角色的要求行事，往往会遇到麻烦。对于正式角色来说，相关的规定甚至法律有可能会介入调整。例如，医生索要红包的行为，就违背了医生的职业角色，医院的规章制度和国家的有关规定都可以对其实施制裁；而作为患者，也会对医生进行当面或私下的批评。

即使在传统的人际关系领域，使用角色观点来进行分析也能获得具有启发性的观点。《西游记》作为中国传统的四大白话小说之一，处于师徒关系中的四位主人公的角色特征也非常明显：唐僧很明显作为领导者而存在，他具有坚定的信仰，用取经的目标来鼓励下属；孙悟空扮演着推进者的角色，他负责解决取经过程中所遇到的重大困难；猪八戒既是推进者，在很多时候也扮演着协调者的角色，他能够协调师徒四人之间的关系，缓解唐僧与孙悟空之间的冲突；沙悟净主要扮演了实干家的角色，他务实可靠，承担了行李的保管与喂马的日常事务，而且必要时也能扮演解决问题的角色。

社会角色的内涵中包含着三种要素：首先，社会角色是一套行为模式以及与之相应的心理状态（如角色意识），行为模式是社会角色最重要的外在表现；其次，社会角色是由社会地位和身份所决定的，不是由个体的意愿所决定的；最后，社会角色所表现出来的行为与心理状态应当符合社会的期望，绝大多数情况下，社会对每种重要角色都有明确的要求与规定[1]。综上所述，我们可以把社会角色定义为：是由社会地位和身份所决定的、符合社会期望的一套行为模式以及与之相应的心理状态。

二、社会角色的习得

对于个体而言，习得社会角色的过程即社会化过程。社会化是个体由自然人成长、发展为社会成员的过程。作为社会成员，个体不但要学会生活的基本技能、获得生产的基本技术，同时还要掌握并遵守社会规范，这是获得社会角色非常关键的内容之一。对于社会来说，为个体提供有效的社会化场所，如家庭和学校等，是培养社会成员非常重要的环境保障。社会化可以使每个人获得自己的地位与身份，履行自身的权利、义务及行为规范，最终能够以社会所期待的方式参与社会互动和社会生活。

个体完成社会化的情境主要包括三个方面：首先是家庭。家庭是个体成长和发展的最重要载体，尤其是对于学龄前儿童来说，家庭在社会化过程中发挥着至关重要的作用。学龄前儿童的社会化有时也称为早期社会化，能够影响个体其后的终身发展。其次是学校。学校是近代以来的一种社会设置，不同于家庭的是，学校在学龄儿童的社会化过程中具有管理更为严格、教学更为规范的特点。政府与社会对学校教育历来非常关心，对学校教育的具体内容与方法程序都有较为严格的规定。对于学龄期儿童来说，学校的社会化作用最为突出。第三种情境是个体与同辈群体的交往。进入青春期以后，同辈群体在社会化方面的作用日益突出，同辈群体对于青少年更具吸引力，其能够向青少年提供重要的参照和比较，青少年的独立性不断加强，开始表现出摆脱父母、教师影响的趋势。而在此过程中，他们更愿意接受同辈群体内部的规范。如果同辈群体内部的规范过于模糊，他们则会通过与其他成员作比较的方式，来获得关于自身行为是否适当的判断标准。

随着大众传媒与互联网的发展，与传统社会相比，当代社会成员有了新的社会化载体，即大众传播媒体。早期电视的普及，最能展示大众传播媒介对于社会化的影响，在美国曾经有研究发现：在电视普及之前，农村儿童的智商显著低于城市儿童的智商，分析其原因主要在于：农村的生活刺激比城市少，这不利于农村儿童智商的发展。但是，当电视普及以后，这种智商的差异消失了，因为无论在农村还是在城市，儿童每天看电视的时间平均约为 6 小时，电视所能传播的信息远远大于各种类型的生活环境，完全弥补了农村生活刺激不足的问题，由此农村儿童与城市儿童在智商上的显著差异消失了。[1]近年来又有研究发现：互联网的普及对人类的适应方式与行为已经构成了影响，例如，经常使用搜索引擎会导致人们不再记忆相关的知识，而是尽量记忆知识所存储的位置，或者使用什么样的关键词可以搜索这些相关知识。总体来说，大众传播媒介对于人类成员的社会化影响越来越大。

三、社会角色的分类

现代社会中的社会角色非常丰富，多种多样的角色共存于社会生活之中，人们在不同领域扮演着不同的角色，有时甚至需要同时扮演多个角色，而每个角色的行为规范都各有差异。因此可以说，社会角色是一个异质性非常强的概念，不同类型的社会角色之间在行为规范或行为方式方面的差异非常大，所以，有必要根据不同标准对其进行划分，以便了解各类社会角色之间的差异之处。[1]

（一）按照角色意识的清晰程度

根据角色扮演者对于角色的意识程度，可以将角色划分为有意识角色和无意识角色。有意识角色是指角色扮演者对自己正在扮演角色这一事件有清楚的把握，其根据社会情境、地位与身份的要求来调整自身的行为。以监狱的狱警为例，这些狱警可能是随和的人，但是当他们处于工作岗位时，应该意识到自己正在工作，需要树立工作的权威，遵守狱警的工作规范。此时，他们对角色扮演的意识程度就是清楚的。然而，有些角色的扮演是在无意识中进行的，比如，性别角色具有跨时间、跨情境的稳定性，一旦习得以后，人们可能就没有明确的意识了，因此，性别角色往往是无意识角色。

在角色意识程度方面，个体处于一个连续体上，做出绝对类型的划分有时是不合适的。有研究者根据个体对角色的参与程度，将之划分为七种类型的角色参与[1]，这种分类在本质上与扮演者对角色的意识也有关系。在该分类体系中，参与程度最低的角色如街上的行人，他们对角色是零度参与，即没有意识到自己正在扮演角色；第二种类型是漫不经心的参与，比如浏览商品的顾客，他们对自己的角色有所意识，但是并不投入；第三种类型是传统议事性参与，比如参与婚丧仪式中的一般亲友，他们明确意识到自己的角色，对自己的行为有所要求，但是，很可能不对角色投入什么情感或者情感投入水平较低；第四种类型是生物性参与，比如母亲在与子女互动时，其参与程度非常高，具有很强的情感投入；第五种类型是神经质型深度参与，在此类型中，角色扮演者全身心地投入角色之中，甚至已经无法自拔，就像赌桌上的赌徒一样；第六种类型是情迷意乱的参与，就像热恋中的情侣，双方将自己的全部注意力倾注于对方身上，伴随着强烈的生物化学反应，这种参与程度过于强烈，因此无法持久；第七种类型是精神与外物合一的参与，扮演者与角色完全融为一体，参与和投入程度达到最高水平。

（二）按照角色获得方式

现代社会中的个体都是"角色丛"，即一个人具有多个角色。那么，人们的角色是如何获得的呢？前面谈到过，社会化是获得社会角色的重要方式，但不是唯一的方式。有些角色是通过出生、血缘或遗传而获得的，这类角色可称为先赋角色。曾经有报道说部分大陆孕妇偏好到香港产子，原因在于出生于香港可以获得香港居民身份，能够享受香港的社会福利，尤其在出国方面也有多种便利。在不少国家和地区，公民身份是可能通过出生而获得的。再比如说血缘关系，如果我们的父母来源于大家族的话，当我们刚一出生，就获得了各种各样的亲戚关系，如果从角色获得的角度来看，这些角色都是通过血缘而获得的。另外，通过遗传也可以获得社会角色，在一定程度上，财富以及与之相关的社会地位和社会角色都可以通过遗传来传递。

还有一类角色是通过个人的努力以及相关活动而获得的，这类角色可以称为自致角色。一方面，现代社会承认某些先赋角色存在的合理性；另一方面，更加强调自致角色的重要性。比如，在中国社会里，绝大多数的职业与职务角色都是通过个人努力获得的。相反，如果有人因为遗传或"关系"而获得了职业或职务角色，很可能无法得到他人的认可。自致角色通常需要个体具有相关的素质，并且经过专门的训练。例如，保险精算师和高级会计师的收入都很高，但是，要获得这类角色通常需要个体具有计算的天赋，再经过长时间的学习与培训，得到认证后才能获得这些角色。

（三）按照角色规范的明确程度

按照角色规范的明确程度，可以将角色分为规定性角色和开放性角色。规定性角色是指社会或相关组织对角色行为具有较为明确的规定，角色扮演者不能按照个人意愿来自主表现角色。规定性角色经常存在于正式组织之中，组织对角色的权利、义务、行为规范甚至言谈举止都做了细致的规定，角色扮演者个人发挥的自由很少。以警察为例，我国的警察规范对其行为模式做了非常细致的规定，即使在走路时，一个人应该如何走，两个人应该如何走，三个人应该如何走，都有明确的说明，因此警察是比较典型的规定性角色。

开放性角色是指角色扮演者个人可以根据自身条件、对角色及其社会期待的理解，自由地实践角色行为。开放性角色经常存在于非正式的组织中，以朋友角色为例，每个人的扮演形式都不尽相同，只要不违背该角色的基本社会期待，就都能够被其他社会成员所接受。开放性角色的扮演者自由度较高，他们可以灵活地参与到角色之中，因此这类角色对于个体的吸引力通常会更大。

(四) 按照角色的社会目标

不同角色所承担的社会目标有所差异。有些角色的目标是功利性的，其角色行为需要计算成本、考虑收益，需要以此为基础进行衡量与行为决策，这类角色可以称为功利性角色。企业家很能代表功利性角色，他们开办企业的根本目标是盈利。一方面他们会尽量减少开支，其中包括工人的工资；另一方面在可能的情况下尽量抬高产品的价格。这些行为是由企业家角色的本质所决定的，社会可以对其角色行为进行调控，但无法改变功利性角色逐利的本质。

还有一种角色的基本目标不是逐利，而是在于帮助弱势群体、传递人类文明或者体现社会价值等，这类角色可以称为表现性角色。社会工作者作为现代社会角色中非常重要的一员，他们从各类社会组织中领取工资，但是，收入却不是他们工作的终极目标，其工作的根本目标是帮助那些处于困难中的个体，这类角色体现了社会同情弱者、帮助弱者的价值理念；教师也是表现性角色的一种，他们的主要目标是传递人类的文化与价值观。社会公众对于功利性角色和表现性角色的要求往往不同，人们对功利性角色的要求相对较低，但对表现性角色的要求相对较高。表现性角色与工作情境相关，一旦离开工作情境，表现性角色在个体身上退居为潜伏状态。表现性角色的扮演也可以追求个人生活的舒适，如果社会希望由更具才能的个体来承担表现性角色，那么，应该赋予他们更好的生活待遇，虽然他们扮演此类角色的目标不是为了改善个人生活状态，但作为个体，他们也需要生活的尊严，并为家庭成员提供生活资源。

第二节 角色行为

角色行为是处于一定社会地位、具有特定社会身份的个体，依据社会情境的要求，并呼应社会公众的期待，借助于自身能力所表现出来的行动及其模式。角色理论以社会角色作为分析个体行为、探索并解释个体行为的规律，该理论主要是从符号互动理论中发展起来的。其对角色行为的分析主要表现在四个方面：个体是如何进行角色学习的，个体如何扮演自身的社会角色，在角色扮演过程中有哪些失调现象，以及如何调整角色失调现象。

一、角色学习

角色学习是个体进行角色扮演的前提，如果没有角色学习，那么很难扮演好角色。角色学习主要包括两个方面：一是形成角色观念；二是学习角色技能[1]。角色学习与角色扮演是社会化过程的重要内容之一。随着社会化的不断深入，角色学习会越来越具体，当一个人进入到职业学校的某个专业进行学习时，其未来的职业角色通常已经相对清晰了，个体需要在学校里学习并实践该角色的观念与技能。

（一）角色观念

角色观念是个体在特定社会关系中，对自己所扮演的社会角色的认识、情感与态度的总和。当个体将自身与特定角色相联系的时候，首先需要在如下方面形成对于角色的认识：角色地位、角色义务、角色形象、角色行为。例如，某人大学毕业后，通过公务员考试成为一名警察，目前正在接受入职前的培训。在入职培训中，有关角色地位、义务、形象与行为的内容将是个体学习的重点，其根据已经获得的知识，不断形成自身关于角色观念的看法，对即将要扮演的角色所应该具有的品格、应表现出的行为风格等方面逐渐清晰化，并开始在人际互动中以特定的形象出现。

（二）角色技能

学习角色技能，是了解并掌握顺利完成角色扮演任务、行使角色权利并履行角色义务、塑造良好角色形象所必备的知识、技能和经验的过程。角色观念与角色技能的学习是相互交叉、相互融合的，角色学习是一种综合的、系统化学习，不仅仅存在于职业培训之中，个体从小接受的社会化训练，对于角色学习都有所作用，只是在职业培训过程中，开始将相关内容加以整合、越来越明确化和具体化而已。在角色观念与角色技能学习的过程中，各种形式的社会互动是不可或缺的学习要素。

（三）米德论角色学习

米德研究了儿童的心智形成过程，认为人类心智源于自我的选择过程。而这种选择可以通过两种基本途径来实现，其一是通过试错，其二是通过抚养者有意识的训练。经由这两种途径，儿童逐渐学会了具有普适意义的常规姿态。常规姿态能够增加个体间互动的有效性，意味着人类心理、自我与社会发展都迈出了重要的一步。米德认为，在人类个体的自我发展过程中，角色的学习与理解发挥着非常重要的作用，自我的形成与角色学习是分不开的。

米德提出，自我发展经历了三个阶段[3]。首先是模仿阶段（imiation stage）。此时幼儿通过与抚养者互动，其模仿的本能被激活，开始无意识地模仿抚养者的行为与举止，并通过这种方式来进行学习。3 岁之前在米德看来都处于模仿阶段，在模仿阶段的后期，幼儿获得了对他人进行想象的能力，其可能通过想象来预测主要抚养者的反应。第二是游戏阶段（play stage）。3～8 岁的儿童通过在游戏中扮演成人角色来学习成人的角色行为。随着生理成熟与智力的发展，儿童开始能够理解处于有组织的结构中的他人角色，并由此获得关于自我的形象。第三是博弈阶段（game stage）。8岁以后的儿童能够体会并理解"一般化他人"角色，通过观察他人角色与日常行为，逐渐习得了如何从普遍他人的角色来看待自己的能力。从他人立场出发来思考问题是博弈的基础，此时的儿童不仅能对重要他人进行合理的想象，而且可以从更为普遍的视角来分析他人的想法与行为，换言之，已经具备了扮演他人角色的能力，而且其角色反应的准确性也不断提高。

二、角色扮演

戈夫曼在《日常生活中的自我表演》中提出了著名的戏剧理论，他把现实生活比喻成舞台戏剧表演，并借助舞台术语来描述人的角色扮演情况。那些与角色扮演关系密切的情境，被称为前台，前台是角色扮演者与观众发生互动的地方，需要按照角色的要求与规范来行动；那些与角色扮演没有关系的情境可以称为后台，个体在后台时，不需要考虑观众的要求和角色规范，可以做自己想做的事情。

角色扮演与情境相关，但相对稳定的角色对于人的影响非常大，能够改变个体自我定义的内容与方式。1971年，菲利普·津巴多（Philip Zimbardo，1933—　）在斯坦福大学开展了非常有名的斯坦福监狱实验，在该实验中招募到的被试被随机分为"看守"与"囚犯"两组。为了获得更真实的效果，实验中尽量模拟真实的监狱情境。经过几天逼真的角色扮演之后，扮演囚徒角色的被试明显感觉到情绪抑郁、思维混乱，而扮演看守的被试开始辱骂并虐待囚犯，不断构思新的花样来打击囚犯的自信。就连实验主试也受到实验情境的影响，沉浸在"监狱主管"的角色之中，而忽视了实验被试的基本权益。

在角色扮演过程中，有三种因素具有重要影响：角色期待、角色领悟与角色实践。角色期待来自他人或社会公众，是角色以外的他人对角色扮演者的要求与期望；角色领悟是角色扮演者在理解角色期待的基础上，自己对角色的看法与认识；角色实践是角色扮演者在角色领悟的基础上，表现角色的实际行为。所有的社会角色都面临他人或公众评价与期望的问题，如果不考虑或不熟悉角色期待，很有可能会在角色领悟和角色扮演中出现麻烦。角色领悟较为集中地反映了扮演者对角色观念的了解程度，角色领悟越深入，通常角色扮演越容易，相反，如果对角色领悟不清，则常导致角色扮演过程中的心理迷茫。角色实践不仅与角色领悟有关，还受个体扮演角色能力的影响，角色实践不再是心理层面的反映，而是角色扮演过程中能够被人观察到的实际行为。

三、角色失调

即使个体主动去体验、理解角色的社会期待，对自己所扮演的角色有较为深入的领悟，并且努力贯彻自身的角色实践，但是，受到外在条件的限制，依然有可能在角色扮演过程中遇到各种障碍，导致角色扮演的失败，这种现象可以称为角色失调。常见的角色失调主要有：角色不清、角色冲突、角色紧张、角色偏差等。

角色不清可以分为两种亚类型，一种是角色期待不清，另一种是角色领悟不清。角色期待不清的主体是角色扮演者以外的社会公众，当一种角色刚刚出现时，往往会出现角色期待不清的现象，以网络游戏为职业的职业玩家为例，作为新兴的职业角色出现时，大多数社会公众不了解这种职业到底能够创造何种社会价值，以及未来的职业前景如何等，因此社会公众通常会对这类新出现的角色持保守的态度；角色领悟不清的主体是角色扮演者，发生的原因既有可能是一种角色刚刚出现，没有相关的角色期待可以作为角色领悟的依据，还有可能是角色期待很清楚，但角色扮演者理解不清。无论是哪种类型的角色不清，都会导致相关人员的应激与不满足感。[4]例如，在改革开放初期出现的个体户，虽然收入较高，但是由于角色不清，当事人或旁观者往往会认为这种职业不稳定、没有安全感，一旦有机会就希望能够远离。然而到了今天，由于此类角色不清的问题已经得到解决，人们对个体户的偏见也逐渐消除。

角色冲突一般可以分为两种亚类型，一种是角色间冲突，另一种是角色内冲突。角色间冲突，是指由于一个人所扮演的多种角色同时提出要求，而且这些要求之间有所冲突的现象。例如，某人下班正准备回家时，上司要求他必须留下来加班，完成一项非常重要的工作，正在此时，妻子也打电话过来说孩子生病需要马上送医院，这样家庭角色与职业角色就发生了冲突。角色内冲突，通常是指个体在扮演一个角色时，所面临的多种相互矛盾的社会期待之间发生了冲突的现象。例如，某人刚刚上任总经理的职位，员工期望他马上提高工作待遇，董事会期望他能够提高公司收入，而消费者期望他能提高产品质量同时降低产品价格，这些角色期待在同一时期内而言是相互冲突的，这种现象即角色内冲突。

角色紧张，是指一个人同时扮演多种角色，由于时间、精力不够分配，导致在角色扮演过程中顾此失彼的现象。根据后现代社会心理学家科尼斯·格根（Kenneth Gergen，1935—　）的研究，现代人同时扮演着多种角色，多者可以达到数百个，角色多的好处是能够带来安全感，而角色过多则会导致精力过度分散，很难应付诸多角色的要求，由此造成的心理紧张状态即角色紧张。[2]人们身边可能会有这类例子：某人的工作正处于上升期，需要她投入更多精力，但是，在家里有孩子需要照顾，丈夫又经常出差，与此同时，自己的父母又生病了，多种生活角色都需要她投入大量的精力，角色扮演者由于顾此失彼而导致心理紧张。角色冲突与角色紧张既有联系又有区别，角色冲突描述的是不同角色同时提出矛盾要求，或者角色扮演者面临相互冲突的角色期望的客观现象，而角色紧张是指角色扮演者在角色冲突时由于顾此失彼而导致的心理紧张状态，后者强调心理状态。

角色偏差，是指由于角色扮演者的行为与心理状态偏离了社会期待，形成了与社会地位或身份不相适应的行为与心理状态。在当代中国，角色偏差现象较为常见，如公务员收取贿赂为他人谋取利益，医生索取红包等，即便对于普通人来说，也存在诸多角色偏差行为。主要原因在于，现代角色规范意识还没有完全建立起来，应该按照规范办事的时候讲关系、谋私利，不尊重自身角色的义务与规范，当他人没有按照角色规范行事时，周围人不敢去监督或纠正。如果每个人都能遵循角色规范要求，对他人的角色偏差行为给予监督或惩罚，那么，很多社会问题就容易解决了。

四、角色失调的解决方法

角色失调是常见的角色扮演现象之一，当遭遇角色失调的时候，角色扮演者应深入分析原因，按照社会期待与社会规范来寻找解决问题的办法[3]。角色规范化、角色合并法和角色变化法，都可以在一定程度上解决某些类型的角色失调。

角色规范化，是指对角色的权利、义务与社会期待进行较为明确的规定，以此来解决社会公众与角色扮演者之间的冲突。以医患冲突为例，到底哪些治疗行为是医生应该做的，哪些情况应该算作医疗事故，哪些是正常的医疗风险，医生具有哪些权利、应当对患者的治疗承担何种义务，这些问题如果能够在医生、患者与社会公众之间有所共识的话，医患冲突就不会像今天这样严重了。当前人们应该反思：人们对医生的社会期待是不是过高或者存在问题？社会到底应该给予医生这样的专业人士什么样的生活待遇，才有利于提高全社会的医疗水平？医生更应该对自身角色进行规范，对自身权利提出合理要求，同时必须履行作为医生的义务，按照合理的社会期待不做违反医生角色的行为，这样才有利于解决医患冲突。

角色合并法，是把那些具有矛盾要求的角色加以合并或舍弃次要角色，以减少角色冲突造成的角色紧张。不少大学生可能会有这样的经历，在期末复习期间，有多门比较困难的课程需要复习，而自己参与的多个社团活动还没有结束，要求投入不少时间与精力，另外，自己还在校外做兼职攒钱，等等。此时，角色扮演者应该根据当前的情况进行角色合并，比如暂停兼职，与所参与的社团活动负责人进行沟通，将社团工作转交给那些没有复习压力的人，然后专心复习。在角色合并时，需要把相互冲突的角色按照重要性和价值划分出重要等级，在发生冲突的时候优先选择重要的角色。有时这种选择是困难的，人们可能会认为这也无法舍弃，那也无法合并，如果发生这样的情况，角色扮演者应该把当前所有的角色全部列出来，首先选择其中最重要的角色，分析所需要的时间和精力是多少；如果时间和精力还有剩余，再从中选择一项重要并且剩余时间与精力可以完成的角色；如此直到没有剩余时间和精力可以分配为止。那些没有被选择的角色，无论之前认为它们有多重要，也必须要坚决舍弃才行。

角色变化法，是指角色扮演者对角色感到不满意，或者不能接受其角色观念时，改变自身角色的办法。对于解决角色失调来说，角色变化法是更激进、更主动的做法。使用角色变化法时，也可能需要对角色的重要性进行排序，但是，其排序原则与角色合并法不同，角色合并法的排序遵循功利的现实原则，是从角色对于扮演者的效价进行分析与判断的，然而，当使用角色变化法决定变更某种角色时，考虑的是这种角色是否令自身感到满意，以及个体是否能够接受其角色观念等标准。

参考文献

[1] 全国 13 所高等院校《社会心理学》编写组．社会心理学 ［M］．天津：南开大学出版社，2008：67-81.

[2] 乐国安．后现代主义思潮对社会心理学的影响 ［J］．南开学报，2004，(5)：108-115.

[3] 乐国安．社会心理学 ［M］．北京：中国人民大学出版社，2009：144-145.

[4] 中国就业培训技术指导中心，中国心理卫生协会．心理咨询师 ［M］．北京：民族出版社，2012：123-124.

第十一章　人际互动

没有永远的朋友，只有永远的利益。

——亨利·帕麦斯顿（英国）

人际互动的概念在内涵上与人际关系差异较大，它是指角色与角色之间的相互作用，这种角色之间的相互作用包括信息和情感等因素的交流，以及相应的心理与行为的交流。在人际互动中也存在情感因素的作用，但是，与人际关系中吸引与排斥、喜欢与厌恶的情感不同，其更多的是合作成功后的愉悦或者竞争失败后的沮丧等情感体现。简言之，人际关系是以个体或私人为主体的交流与联系，人际互动是以角色为主体的联系与相互作用。典型的人际互动如商业对象之间的相互作用，他们之间相互知道对方，有过竞争或者合作，也可能发生过多种形式的联系，但彼此之间没有人际关系，而且也不打算发展人际关系。

人际互动并不排斥人际关系。在多次互动中，作为情感性动物的人，把那些与人际互动有关的情感转化为以喜欢或厌恶为主要形式的人际情感，又或者由于心理关系的疏远，将人际关系转化为人际互动，即单纯的合作与竞争关系，这些情况都有可能发生。虽然，人际互动与人际关系可以相互转化，但由于内涵与本质差异很大，所以是两种不同形式的人际相互作用。人际互动的本质特征在于理性，讲究的是"没有永远的朋友，只有永远的利益"，在典型的人际互动中，互动者之间不交朋友，或者即使交"朋友"也是为了获得更大的利益；而人际关系的本质是情感联系，其所具有的交换性只要保证成本与收益基本平衡即可，其对利益的分析远没有人际互动那样斤斤计较。

第一节　人际互动的基本形式

人际关系的两种基本形式是人际吸引与人际排斥；人际互动也有两种基本表现形式：合作与竞争。合作不同于人际吸引，即使没有人际吸引也可以合作，只要能够实现行动者预定的理性目标；竞争也不同于人际排斥，即使存在人际吸引的情况下也可以发生竞争，竞争的目标也是实现行动者预定的理性目标。因此，人际互动可以简单地理解为是以理性为基础的相互作用，而人际关系是以情感为基础的相互作用。

通常我们使用人际互动的概念来描述个体以角色为基础进行互动的人际作

用。但是，人际互动的理论也可以解释群体与群体、阶层与阶层、国家与国家之间的角色互动关系，对于这些更为宏观层面的互动，也可以称之为"社会互动"。对于社会互动来说，人际互动的理论及其分析框架同样有效，本节主要从个体所扮演的角色出发来分析人际互动。

一、合作

合作是指两个或多个同类角色，为了实现共同目标，彼此相互配合的行为[1]。共同目标对于合作而言非常重要，多个同类角色之所以能够相互配合、彼此共事，关键在于有共同目标，这是合作的认知基础，如果没有共同目标或者认识不到共同目标的存在，合作就不复存在。人类社会的存在以合作为基础，每个人都扮演着社会成员的角色，并认同合作生存的利益大于单独求生的社会理念，因此，才组成了大多数成员之间没有直接联系，却能提供相互支持的合作型社会。

合作的出现与保持并不容易，需要一些基本要素作为前提条件。第一是目标一致。每个个体的需求都不完全一样，基于个体需求而形成的集体目标可能会有差异，因此，一致的目标是协商乃至妥协的结果，合作参与者之所以愿意协商和妥协，乃是因为一致目标相对于其他目标而言，对群体和个体的综合效益最为有利。如果某种目标会让一部分参与者受益而另一部分参与者受损的话，那么，目标的一致性便不复存在，这些利益受损的参与者将退出合作。这就好像某位同学要组织一个课题组，他必须要考虑每个参与者能够从中获得什么利益，才有可能使该课题研究成为参与者的共同目标。

第二是共识。在实现目标的过程中，所有参与者应该具有一些基本的共识，包括实现目标的途径、每个参与者的具体分工、每个人应该如何行动、相互之间如何配合，以及最终成果如何分配等。如果缺乏共识必然会导致纷争，以当代中国的社会生活为例，建设和谐富强的社会，基本上是中国人的共同目标。然而在建设过程中，应该走什么样的道路，坚持什么样的领导方针，如何对社会财富进行分配，如何让每个个体或群体更好地完成各自的分工等，都是需要社会成员有所共识的；如果缺乏共识则可能导致社会矛盾与分歧。

第三是规范。规范是指在实现目标的过程中，每个个体都能按照共识的要求，遵守既定的社会规范。遵守规范很多时候意味着自我约束，是需要个体付出个人代价的，但为了最终的一致目标，个体有必要也愿意做出这样的"自我牺牲"。然而一旦有社会成员不遵守规范，可能会导致更多人做出类似行为。例如，为了保证更高效的交通，每个人都应该遵守交通规则，这时如果出现一个人不遵守交通规则的情况，并由此导致个人的高效以及整体的低效，而他的行为又不能受到有效制止或惩罚的话，整个交通规范体系就面临崩溃的风险，更多人也许会采取破坏规范的行为。

第四是相互信任的氛围。规范存在于制度层面，相互信任的氛围存在于心理层面，它是对规范的重要补充。如果成员之间无法相互信任，危急时刻会导致规范不复存在。设想这样的情况：有两个盗贼合伙作案，他们事先规定好不出卖对方的规范，后来警察抓到了他们并告知说：谁先交代可以免受或少受惩罚。因为他们事前对这种情况已有规范，如果他们相信对方能遵守规范，那么就不会相互背叛；如果他们不相信对方会遵守规范，则会争相举报对方，这时规范由于缺乏信任氛围便不复存在了。

合作的产生并不容易，需要参与者们具有一致目标，一致目标需要综合所有人的需要，一旦出现有部分参与者只会利益受损而无法受益的情况，那么，其必然退出合作。有了共同目标之后，参与者需要对共同目标达成共识，对实现目标过程中可能会涉及的关键问题进行讨论并达成一致看法。此后，每个参与者在行动上都应当遵守相应的规范，并信任其他成员也能够一直遵守规范，唯有如此，才能实现真正的合作。

二、竞争

竞争并不是合作失败的结果，而是另一种人际互动的基本形式，合作失败的结果乃是背叛。竞争是个体之间为了争夺同一个目标，而采取的人际互动行为。[1]需要指出的是，竞争是理性行为的一种表现，而不是打架或相互污辱的行为。以两位男士同时追求一位女士为例，作为追求者的两名男性之间很有可能产生竞争关系，他们的竞争行为应该是争相表现自己的能力以及对那位女士的关心与爱；相反，如果他们相互批评、指责对方，想要通过贬低对方而赢得目标的青睐，则算不上是良性竞争。

竞争的存在也需要具备一些基本条件。首先是目标本身稀有或者不容易得到。如果目标并不是个体所需要的，或者个体确实需要，但目标的数量非常多，每个人都可以得到足够数量的目标，那么竞争就不会出现。这是出现竞争的基本条件，即有值得竞争的目标存在。优质资源具有稀缺性，因此对于人类来说，从来就不缺乏值得竞争的目标。当两个或多个人对目标展开追逐时，竞争便具备了出现的初步基础。

其次是理性。人际互动中的竞争不是打架，而是能够让参与者有可能获益的行为，应该是以理性为基础的。假设有两位粮食供应商，他们之间为了赢得更为广泛的市场而不断提高粮食产量、降低粮食价格的行为属于竞争，因为这种行为是理性的，参与者与相关群体都能获得利益。但是，如果其中一方把粮食以低于成本的价格出售的话，这种行为就属于不正当竞争，因为当事人从中无法获益，从长远来看，其他相关各方也因此利益受损，所以，这种旨在独占市场而低于成本销售的恶意行为被称为倾销，而不是竞争。

目标稀有或难得，是竞争的前提基础；理性是竞争行为的基本特征。遵循理性原则的竞争，对个体的发展有益，即使在竞争后没有成功得到目标，也有利于参与者了解自己的不足，以便在其后竞争中有所改进。

第二节　人际互动冲突

可以说，无论是合作还是竞争，都是有价值的人际互动形式。而背叛、拒绝合作和不正当竞争，作为人际互动的消极否定形式，才是需要引起注意的。本节将介绍囚徒困境和货运游戏实验[2]，以便展现人际互动冲突的典型形式。

一、囚徒困境

囚徒困境经常被用于研究互动冲突中参与者的行为选择问题，经典的囚徒困境设计了如下的情境：两个盗贼合伙作案多起，在一次作案时，他们被警察捉到，警察知道他们俩罪行累累，却苦于没有充足的证据。于是，警察对他们进行单独审讯，并分别讲明形势：如果一方招供，另一方不招供的话，那么招供者可以免刑，未招供者将被判 20 年监禁；如果两方都招供的话，每人将判 10 年监禁；如果两方都不招供的话，则按照本次被抓到的罪行，每人判 1 年监禁。

在如上囚徒困境中，如果从个人理性出发做出行为选择，每个盗贼都应该招供，这样无论对方如何选择，他所受到的处罚都不会比对方更多；如果从集体理性出发选择行为，两人最好都不招供，这样整体所受处罚最少，两人将一共被判监禁两年。在囚徒困境中参与者的行为选择，受到他们之间目标的一致性、共识、规范、信任程度及以往相关经历的影响。在社会生活中，囚徒困境的局面经常会出现，比如，在人群拥挤的公共场所突然发生大火时，如果每个人都能按照秩序撤离，那么绝大多数人会安全无恙，如果大家都争先恐后，反而有可能出现踩踏事件。如果每个人都相信别人会遵守秩序与规范，那么整体的遵守秩序行为就会出现；如果个体不相信别人会遵守规范，自己也不会遵守规范。令人叹惜的是，在发生这类情况的时候，绝大多数的人都不会选择合作行为。

二、货运游戏

货运游戏实验是由莫顿·多依奇（Morton Deutsch，1920—　）等设计的研究互动冲突的实验范式。在该范式中，实验主试要求参加者把自己想象成一家货运公司的经营者，同时参与实验的被试一般有两人，他们分别管理一家货运公司，他们的任务分别是把货物从 A（或 C）运到 B（或 D）。两家货运公司分别有自己的起点和终点，也有自己专用的运输路线，但是专用路线会比较远。除此之外还有一条可以共享的捷径，两个被试都有控制捷径的开关，只有双方都打开开关时，捷径才可以使用，只要有一方关闭捷径，另一方也无法使用。

在货运游戏中，捷径一次只能由一方使用，即单行线。双方共用捷径的唯一方式是：让其中一方先通过，然后另一方再通过，否则当两家公司在捷径的某处相遇时，都无法前进。游戏的奖励安排如下：如果使用捷径完成运输，则得分多；如果使用专用线路完成运输，则得分少；每个参与者被要求尽可能多地得分，但是没有对他们提出得分必须高于对方的要求。在货运游戏范式下，参与者最合理的方式是达成共享捷径的协议。然而实验的结果出乎人们的意料：双方争相使用捷径，当对方不让自己通过时，自己也会关闭控制捷径的开关，以便不让对方通过，然后各自使用专用运输线路。研究者还发现：当双方使用相互威胁的方式时，双方的总体收益最小；如果双方都采取合作策略，那么各自收益和总体收益都能实现最大化。如果改变实验设计，只让其中一方拥有控制捷径的开关，没有控制权利的一方通常愿意与有权利的一方合作，而最终有权利的一方收益会稍微大一些。在现实生活中，社会成员破坏生活环境、对环境中的资源过度使用等现象，都能从货运游戏实验中发现其行为的雏形，并能从该实验结论中找到解决问题的启发。

第三节 人际互动冲突的解决[3]

所谓互动冲突是指发生在个体之间、小群体内部或者彼此熟悉的小群体之间的人际互动冲突。例如，夫妻口角、儿童间的欺负行为、办公室诽谤、家族成员的经济纠纷乃至部分民事争议等问题，都可以视为人际互动冲突。人际互动冲突来源于当事人把利益分歧或自身的负性情绪归结于其他当事人或当事群体，本质上源于当事各方对同一事物所持态度有所差别。因此，有关说服与态度改变等研究成果有助于解决互动冲突。但是，在现实生活中应该由谁来充当说服者或改变当事人态度的劝导者呢？相关研究指出，当事人在解决此类冲突时拥有较大的自主性：如果当事各方能够在协商与谈判的基础上关注共同利益的话，会使他们的后继行为更具合作性；如果协商与谈判未能达成当事各方的信任与合作的话，他们就应当及时寻求仲裁或者求助其他策略来解决彼此间的冲突。[3]

一、影响人际互动冲突的因素

人际互动冲突中的当事方（人或小群体）往往相互作用、相互影响，甚至可能是有着较为密切联系的互动者，他们了解对方的某些要求，也许还能感受到彼此之间的共同利益。所以，处于人际互动冲突中的当事方往往持有混合动机：他们既想保存自身利益，又想维护共同利益。在人际互动冲突情境中，维护了自身利益的决策被称为利己策略；维护了共同利益的决策被称为合作策略。

按照"理性人"假设，处于人际互动冲突中的当事人很可能会选择利己的策略，以达到期望收益的最大值。然而实际上，利己策略经常无法实现自身收益最大化的目标。例如，一间坐满了观众的剧院突然发生大火，急于逃生的观众都渴望从有限的紧急出口中尽快逃出去，但是当所有人挤成一团时，必然会因为相互拥挤和彼此践踏而影响逃生速度。在这种紧急情境下，最佳的解决方案是大家同时采取合作策略，按照一定规则有序使用紧急出口。"纳什均衡"从理论上说明了在多方博弈中，每个局中人都会为了使自身效用最大化而选择看似最佳的利己策略，其结果必然是形成一种均衡的战略组合，在这种战略组合中，当事人既会损害自身利益也会损害他人利益。由约翰·纳什（John Nash，1928—　　）的导师阿尔伯特·图克教授（Albert Tucker，1905—1995）所提出的囚徒困境则更加生动地说明了，在人际互动冲突中合作策略比利己策略更有利于实现当事各方的效用最大化。

实践中可以发现，在人际互动冲突中并不适用"帕累托最优"法则，也很难提供"帕累托改进"的余地，因为人际互动冲突中更多涉及的是心理关系而非资源分配关系，在不使任何一方感觉很差的同时，完全可能使当事各方都感觉较好；相反，当至少有一方的情况变得更好时，那些没有变化的当事方又可能会因为"相对剥夺感"而觉得境遇变差。例如，当多个员工同时向他们所在单位申请唯一的一套住房时，单位领导还是有多种解决方案可供选择的，如与申请者一起评估他们的申请条件和理由并共同决策，以及向未分得住房的员工提供某种形式的补偿或承诺此后分配的优先权等。反之，如果单位领导采取了武断或强制的决策方式，就很难避免申请未果者产生相对剥夺感。

可见，合作方式是解决人际互动冲突的最优策略之一，当考虑到主流社会规范的要求时似乎更是如此。丹尼尔·巴特森（Daniel Batson，1943—　　）等设计了一项实验，他们把若干被试置于这类冲突当中，要求其中一组被试按照主流社会规范来做决策，另一组被试则从维护自身的私利出发。结果发现，前者的主观感受要比后者幸福得多。在人际互动冲突中利己策略看似可以维护自身的私利，却对决策者的心理造成了负性影响，使之产生焦虑与愧疚感。在多数情况下，社会规范可以带来较为公平的结果，社会成员因此更加愿意服从社会规范的要求。那些依据公正程序建立起来的规范，无论其结果是否公平都会得到一定程度的尊重和服从。

然而在现实的人际互动冲突中，当事方的决策会因为受到某些社会心理因素的影响而未必选择合作策略。第一是当事方的动机，也包括当事方对自身利益的关注程度、对共同利益的态度、合作的愿望、社会价值观及其对决策后果评估等；第二是决策者对其他当事方行为的观察和期望；第三是当事方之间社会交往的多少，适当的社会交往可以从多方面增强他们合作的可能性；第四是卷入到互动冲突中当事方的多少，冲突所涉及的参与者越多，他们相互合作的可能性就越小；第五是参与决策的当事群体的规模大小，决策群体规模越大越有可能做出不与其他群体合作的策略选择。

以上社会心理因素在多数情况下会促使当事方做出利己的决策。亚当·斯密（Adam Smith，1723—1790）在《国民财富的性质和原因的研究》中认为，个人从利己的目标出发，最终却可能达到了利他的社会效果。实际上，在人际互动冲突中并没有"看不见的手"可以发挥导向作用，如果冲突各方发现了诱发利己行为的强烈诱因，他们就很少会自愿地服从主流社会规范。在这种情况下，为了实现社会控制的目标就必须对冲突各方施以影响，如鼓励冲突各方通过谈判等方式来协同决策，设置监督或仲裁机构，向冲突各方施压要求他们选择合作策略，利用奖励等方式引导他们做出合作决策，并且对不合作的当事方进行必要的惩罚，等等。

二、谈判

谈判（negotiation）是指发生冲突的当事方之间为了协调多方利益关系而进行的讨论，其主要目标在于发现冲突各方的共同利益，避免有的当事方把自身的利益受损或负性情绪归结于冲突中的其他各方身上。谈判从某种意义上讲也是一种互动冲突，可能会产生四种潜在的后果：第一，双（各）方未达成一致；第二，其中一方获胜；第三，双（各）方做出简单妥协；第四，双（各）方达成一致，实现双赢的结果。可见，实现双赢或者利用谈判来解决人际互动冲突只是一种可能的结果而已。

哪些策略有助于在谈判过程中达成一致协议呢？首先是妥协策略，只有当事各方适当妥协，放弃自身私利最大化的目标，才能保证谈判顺利进行；其次是斗争策略，谈判者必须要说服其他各方承认自己的正当权益，因此谈判中容许出现具有说服力的辩论乃至威胁等斗争手段；最后是有效解决问题的策略，该策略是指谈判者在谈判过程中既坚持自身利益，又要兼顾其他各方的基本要求，并且在达成协议的过程中体现出足够的灵活性，这样有助于获得谈判各方都满意的效果，并且给各方带来相应利益。

如何选择适当的谈判策略是一个非常复杂并且较难把握的问题，比如，如何适当使用妥协策略与斗争策略的问题，过分妥协会导致谈判策略软弱无力，最终损害妥协方的正当权益；过分斗争又很难达成具有一致性的方案，减少了共赢的可能性。那么，哪些变量会影响谈判策略的选择呢？双重关注模型（dual concern model）认为，"自我关注"和"他人关注"两个变量影响着谈判策略的选择。自我关注是指谈判者关注自身或自身所属群体的利益，其与坚持斗争策略有关；他人关注是指谈判者对其他各方利益的关注，其与选择妥协策略有关。自我关注和他人关注是双重关注模型中相对独立的变量，可以看做是两个具有高低变化的独立维度。

一般情况下，自我关注水平较高的一方不容易改变最初的谈判目标；自我关注水平较低者则具有比较灵活的谈判目标，其在谈判过程中更容易选择妥协策略。这两个变量的组合形成了四种可能性：第一种可能性是谈判各方自我关注程度高而他人关注程度低，这时容易导致更大的冲突；第二种可能性是谈判各方自我关注程度低而他人关注程度高，这时有助于各方做出相互让步；第三种可能性是自我关注与他人关注程度都低时，表明谈判者处于一种心不在焉的状态，不利于谈判的进行；第四种可能性是自我关注与他人关注程度都高，这种状态最有助于通过谈判来解决问题。

双重关注模型只考虑了谈判者的利益关注点，未涉及谈判者的其他方面心理因素。实际上，谈判者除了受其利益关注点影响以外，还会受到自身心理预期和可行性知觉的影响，他们在提出自身的利益诉求以后会密切注意对手的反应，以判断对手对他们所提出要求或条件的态度。因此，谈判者所捕捉到的非语言信息会影响到他们的心理预期，尤其是谈判者对于谈判策略的可行性知觉，会影响他们是否或者如何选择这种谈判策略。有一项研究将谈判各方分离开来，让他们只能听到对方的陈述却看不到对方，借以避免非语言的刺激，结果发现，在这种情况下更有可能找到共赢的谈判方案。

认知偏见也是影响谈判过程的重要心理变量。认知偏见是指依据自身好恶或成见而提出的有偏差的意见和判断。在谈判过程中最为常见的认知偏见是"贬低性评价偏见"。这种偏见理所当然地认为，谈判对手所提出的方案只是为了维护其自身利益，基本上没有任何价值。谈判中的任何一方如果持有贬低性评价偏见的话，其做出让步的可能性就会大大减小。自负也是影响谈判的一种认知偏见。自负的谈判者通常认为自己掌握着充分并且有力的证据，这种过分的自信往往减少其向对方让步的可能性，从而减少最终达成共识的可能性。与没有经验的谈判者相比，有经验的谈判者认知偏见较少；如果谈判中一方需要解释或说明他们所提条件和方案的合理性，而他又强烈希望谈判尽早结束的话，认知偏见则会表现得非常明显。

谈判是解决人际互动冲突的一种策略，社会心理学的相关研究主要集中在两个人或几个人的谈判方面，现有研究成果对于解决人际互动冲突具有很强的指导意义。关于群体谈判、组织谈判的关注不够是当前研究的不足之处。此外，关于谈判的研究还可以从社会建构论的角度进一步深入，即从"谈判乃是谈判者建构的一种对特定情境的共同理解和相互关联的意义构成物"的视角出发，深入地发掘谈判者对谈判过程的认知理解与构建，突破目前主要局限在某些影响因素方面的研究。

三、仲裁

所谓仲裁（mediation）是指由中间方帮助冲突各方达成谈判协议的一种解决方案。当人际互动冲突发生后，冲突各方往往会通过谈判来解决冲突。如果谈判失败导致冲突升级的话，就需要仲裁者的介入来弥合冲突各方在目标上的差距，使之朝着合作方向努力。仲裁一方面能够缓解人际互动冲突，另一方面有助于冲突各方通过合作减少态度与利益分歧。

在解决日常生活中的人际互动冲突时，经常充当仲裁者的主要有父母、上司和法官等角色。对于冲突各方来说，这类仲裁者具有权力和威信，可以做出有约束力的决定，他们可以利用权威身份，敦促冲突各方尽快解决互动冲突问题并达成一致性协议。当前关于仲裁的研究主要关注的是仲裁策略与仲裁结果之间的关系。经验与实验结果均表明：只要仲裁者能够找到有针对性的仲裁策略，完全可以帮助互动冲突各方达成满意的协议，其前提是仲裁者准确把握了谈判各方争论的焦点。当互动冲突增强时，仲裁者首先应该找出冲突焦点和需要优先解决的问题。如果此前仲裁者与冲突各方都有良好关系的话，他应该利用自身的权威来促进冲突各方的交往，而不必使用过多的强迫手段就可以取得较好的仲裁效果。

仲裁者最为常用的仲裁策略主要有两种：第一种是有助于冲突各方建立融洽关系的策略；第二种是促进冲突各方达成谈判目标、消除误解的策略。这两种策略均有助于仲裁发挥良好的作用。当谈判各方的冲突比较激烈时，仲裁者应当采取强而有力的措施减少他们之间的争吵与敌意，最大限度地发挥仲裁的权威作用；当谈判各方的冲突比较温和时，仲裁者应避免过多干预，只需要发挥引导作用即可。常识认为，如果仲裁者带有偏见，就很可能会阻碍谈判各方达成一致。但有的研究表明，有时候带有偏见的仲裁者反而是促成谈判的最佳人选。仲裁者的偏见主要有两种形式：第一种是仲裁者与谈判一方早有联盟关系，第二种是仲裁者倾向于支持谈判中的一方。实际上，只要仲裁者在介入谈判之后能够总体上保证公正无私，即便存在某些偏见也能得到谈判各方的认可和接受。不过，如果仲裁者能够与冲突各方都保持良好关系的话，有助于他使用更多的增进交往策略，减少强迫手段的使用，以便取得更好的仲裁效果。

面对相当激烈的互动冲突时，仲裁者介入谈判后应当首先要求冲突各方减少接触或暂缓谈判，而由仲裁者穿梭于各方之间进行协调，类似的仲裁行为被称为磋商。磋商可以缓和冲突各方的敌对情绪，有助于形成真诚的谈判态度，从而促进互动冲突的解决。仲裁者在磋商期间应尽量减少冲突者的自负心理，存在自负心理的谈判者会一味反对对方提出的意见，即使他们的意见已经得到对方的接受和认可。这时仲裁者需要与这种"贬低性评价认知偏见"做斗争，仲裁者可采取施压方法，指出其观点中不切实际之处，迫使他们做出让步，必要时还可以设定最后期限，以便尽快达成协议。

但应当看到的是，磋商这种仲裁行为有两个潜在的缺陷：第一，仲裁者与其中一方的磋商容易使其他各方产生疑虑，甚至引起不必要的争论；第二，仲裁者过于频繁地使用磋商策略，会妨碍谈判各方直接处理他们所面临的各种矛盾。因此，仲裁行为的重点和中心应当是确定各方的共同焦点，并且刺激他们积极思考共同寻找解决冲突的方案，综合运用包括磋商在内的多种策略敦促各方达成协议。

仲裁者的行为受到两个变量的影响：一是仲裁者对冲突各方既定目标的关心水平，二是仲裁者对共同背景的感知。关心-可能模型可以较好地预测仲裁者的行为。该模型认为，如果仲裁者高度关注冲突各方的既定目标，并且非常了解冲突各方的共同背景，仲裁者将会努力促进各方达成共赢；如果仲裁者较少关注冲突各方的既定目标，不太了解共同背景因素，仲裁者很有可能采用向冲突各方施压的方式来促成相互妥协；如果仲裁者关注冲突各方的既定目标，却忽视了共同背景因素，仲裁者将会倾向于补偿已经做出妥协的一方，即要求另外一方或几方也做出相应的妥协；如果仲裁者很少关心冲突各方的既定目标，却非常了解他们之间的共同背景，仲裁者会要求冲突各方站在自身立场上来解决争议，这种仲裁方式很可能会导致谈判拖沓不决。

仲裁行为要获得良好的效果还需要依赖以下条件：第一，冲突不是特别激烈，处于中等或以下水平；第二，冲突各方都抱有实现共赢的较强动机；第三，冲突各方都愿意接受仲裁；第四，仲裁过程中不存在严重的资源短缺和信息不对称现象；第五，冲突各方的分歧不是发生在普遍原则和共识层面上。如果上述条件存在，仲裁行为较容易取得令人满意的效果。因为仲裁行为经常会带有一定的强制性和压迫性，甚至可能会引起新的争议，所以，有时候发生互动冲突的各方会为了避免仲裁而主动妥协以达成一致。例如，当姐姐与弟弟发生冲突时，父母的仲裁可能会使他们都受到惩罚，因此，他们有时会为了共同利益而妥协，以避免父母仲裁所带来的强制性干预。

四、其他方式

谈判虽然有助于冲突各方明确各自的基本要求和共同利益所在，但它在本质上也是人际互动冲突的一种，并不一定能解决互动冲突问题。仲裁在解决人际互动冲突时具有两个主要优势：首先，仲裁以帮助冲突各方达成一致协议为目标；其次，仲裁过程有助于引进公平公正的标准。不过，仲裁在解决人际互动冲突时也存在不足：仲裁者往往过分强调达成一致协议，却容易忽视冲突各方现实要求和内心要求。所以，在仲裁之下达成的一致性协议最终可能会形同虚设。总之，谈判和仲裁并不是解决人际互动冲突的全部策略，还有其他方式可供选择，如关系疗法、设计互动冲突管理系统等。

当人际互动冲突各方之间的关系存在机能障碍时，他们的争议往往会比较大甚至很难协调，仲裁者面对这种情况时往往无能为力，这时可引入"中间方咨询"，即"关系疗法"的干预形式。关系疗法最早是由婚姻关系专家所创立的，他们发现婚姻契约有助于发生冲突的夫妻解决争议，婚姻契约是指夫妻双方通过中间方的干预都不再固执己见的状态。婚姻关系治疗专家经常把问题解决训练以及对婚姻冲突的基本动力分析纳入到关系疗法中来。在问题解决训练中，治疗专家指导当事人学习倾听和交往技巧，并提出涉及冲突各方的共性问题，引导他们参与共同讨论，寻找解决问题的方案。在关系治疗过程中，干预者需要帮助冲突各方分析影响冲突解决的动机、知觉和情感等因素，帮助冲突各方找出关键问题之所在，以便能及时地解决或协调冲突。

冲突管理系统的设计主要有如下指导方针：第一，要识别那些有可能发生互动冲突的对立个人或群体；第二，在冲突各方中遴选出若干谈判者，并要求他们在冲突发生时首先介入谈判过程；第三，使谈判者相互认识，教会他们解决冲突的基本技巧；第四，任命一些干预互动冲突的仲裁者，并对他们加以培训，使之与各方谈判者相互熟悉；第五，一旦互动冲突发生时，立即要求冲突各方进入冷静期，然后仲裁者和谈判者开始行动，争取通过谈判和仲裁尽快解决冲突问题。到目前为止，冲突管理系统在国外许多大的社会实体中都有所应用，如学校、工厂和社区等。

目前关于人际互动冲突研究出现了新的观点，认为人际互动冲突主要不在于利益分歧，而在于冲突各方把利益分歧和自身的负性情绪归结到其他人或群体身上，其本质是冲突各方对同一事物的态度有所不同而已，因此，相关研究对协调人际互动冲突都抱有非常乐观的态度。

参考文献

[1] 中国就业培训技术指导中心，中国心理卫生协会．心理咨询师［M］．北京：民族出版社，2012：171.
[2] 侯玉波．社会心理学［M］．北京：北京大学出版社，2007：149-150.
[3] 本章内容主要参考：王恩界．微观互动冲突及其解决策略［J］．理论与现代化，2009，(1)：96-101.

第十二章 社会影响

每个人都会受到其他人的影响。

——伊利亚特·阿伦森（美国）

社会心理学一度被认为是研究社会影响的学科。社会影响指的是一个个体对另一个个体的影响，这种影响既可以存在于人际关系之中，也可以发生在人际互动之中，如推销员说服消费者购买某种产品，明星通过广告号召大家不要穿戴动物皮毛，等等。可以说，社会影响是日常生活中最为常见的人际互动与人际传播现象。人们每天都经历着许多社会影响现象，有些是能够意识到的，有些则没有意识。社会影响是在社会力量的作用下，引起个体的认知、情感、行为等方面发生变化的现象。所谓的社会力量来自在场的其他个体或群体，其作用机制是微妙的，可以通过语言、姿势和行为等多种形式来发挥影响力。

第一节 来自个体的影响

社会影响的形式多样，既有来自他人的社会影响，还有来自群体的社会影响。来自他人的社会影响，是社会心理学最为经典的研究课题之一。1897 年，诺曼·特里普利特（Norman Triplett，1861—1931）发表了第一篇社会心理学实验报告，他发现当个体在从事某些活动时，如骑自行车或缠鱼线，如果有他人在场陪同进行的话，其活动效率会提高。

一、社会促进

弗劳德·奥尔波特（Floyd Allport，1890—1979）在特里普利特研究的基础上，开展了一系列有关他人在场的实验室研究，并在实证研究的基础上首先提出了"社会促进"的概念。社会促进是指由于他人在场，导致个体提高了活动绩效的现象。社会促进现象包括两类：一类是结伴效应，是指两个个体结伴进行活动，每个个体的活动效率都得以提高的现象，结伴效应最早是由特里普利特等人发现的；另一类是观众效应，是指个体在从事活动时，由于有观众在场而导致活动效率提高的现象。

无论是结伴效应还是观众效应，主要强调的是来自其他个体的影响，即一个人受到另外一个人的影响。有研究发现：在观众效应中还存在异性效应，即如果观众的性别与活动者不同，活动效率有可能会得到更加明显的提升。中国学者还进一步发现：当个体的性意识成熟以后，异性观众效应才会出现。[1]

二、社会干扰

随着相关研究推进，研究者发现，他人在场不仅有可能产生社会促进现象，还有可能导致社会干扰现象。社会干扰又可以称为社会抑制，是指个体在完成活动时，由于他人在场而导致活动效率下降的现象。尤其是在完成比较困难的任务时，他人在场更有可能导致社会干扰。其实，特里普利特在发现结伴效应时，就曾经指出，虽然大多数人在结伴时提高了活动效率，但是也有少部分人在结伴活动中降低了活动效率。此外，同样是在面对较为困难的任务时，有人会表现出社会干扰，也有人会表现出社会促进。所以，学者们在解释这两种现象时一度感到迷惑。

查荣克提出了著名的社会助长作用（social facilitation），合理地解释了结伴效应中的社会促进与社会干扰问题。他认为，每个社会成员在社会生活中都学会了与人竞争，希望与他人相比表现得更加突出，因此，与人结伴活动会导致竞争动机的提高，这种竞争动机的提高很多时候是无意识的。而无意识的竞争动机提升对于活动效率具有双重影响，根据耶克斯-多德森定律，动机强度与活动效率之间呈倒"U"形曲线关系，动机强度过高或过低，都不利于活动效率的提高，中等强度的动机水平通常能获得最佳的工作效率；但是，最佳动机水平与任务难度相关，随着任务难度的增加，最佳动机水平逐渐下降。对于参加活动的个体来说，已经熟练掌握的任务（即简单任务）在竞争动机提高时活动效率会提升，掌握得不够熟练的困难任务，在竞争动机提升时，活动效率反而会下降。这样，查荣克使用社会助长作用的观念，统一解释了何时会出现社会促进以及何时会出现社会干扰的问题。

三、服从

服从是指个体对于权威的屈服。当一种要求以命令的形式出现时，人会感到具有服从的压力，这种命令可以来自一个有权威的人，如父母、教师、上司或法官等，也可以来自规范，当社会规范要求必须做出某种行为时，个体也通常会服从。如果发出命令的人具有极高的威信，或者命令所源于的规范备受尊重，那么，即使人们知道这种命令并不合理，依然有可能表现出服从行为。

斯坦利·米尔格拉姆（Stanley Milgram，1933—1984）曾经设计了一项非常有争议的服从实验。在此项实验中，他通过广告等方式招募了被试，告诉他们说正在做一项关于学习的实验，并想验证学习效果与电击强度之间的关系，被试们的主要任务是按照实验主试的要求，对正在学习的人施以电击。在米尔格拉姆实验中，实验主试是大学教授、著名的心理学家，以非常专业的形象示人，这让被试感到有服从的压力。被试可以选择的电击强度从15伏到450伏，共分为30种强度，为了让被试感受一下电击强度，先让他们尝试性地接受一次45伏电击，虽然实验主试告诉他们说这是很轻微的电击，但正常被试已经开始感到电击很难受了。

接下来在实验中，"学习者"（实验主试的助手所扮演）不断犯错，实验主试则要求实验被试逐次增加电击的强度。学习者按照事先安排好的反应模式，从90伏电击开始抱怨，从120伏电击开始发出尖叫，从315伏电击开始发出极度痛苦的悲鸣，此时已经不能回答问题了，330伏以后学习者不再做出反应。在此过程中，如果被试感到迟疑时，实验主试就以命令的口气要求他们继续，并保证承认一切责任。通过这个实验研究者想知道的是：有多少被试会把电击提升至450伏。结果发现，有65%的被试在实验主试的不断要求下，一直将电压追加至450伏。

米尔格拉姆实验可以解释很多极端的服从现象，如第二次世界大战时期的德国人为什么会服从纳粹的残忍命令等。把该实验所带来的伦理问题放在一边，该实验的结果让人们感到非常震惊。权威的力量竟然如此强大！在实验中，提升实验主试的权威感，可能让更多被试服从，而实验主试的权威主要来自他的职业、职称、作为科学家的声望、实验室的专业形象等。

被试的道德水平也会影响到被试的服从行为。如果以科尔伯格道德发展的六个水平为例，处于后习俗道德阶段的实验被试，约有3/4发生了拒绝服从的行为[2]。权威主义人格也与服从行为密切相关。权威主义人格包括如下一些特征：第一，固守所属群体的价值观，并且认为这种价值观是优越的；第二，顺从所属群体的道德权威，认同于强有力的他人；第三，仇视自身所属群体以外的其他人；第四，不信任他人，总怀疑别人要进行某种阴谋；第五，对于所遇到的事情倾向于做简单的判断，如好与坏的简单判断。具有权威主义人格的个体，更容易发生对本群体内部权威的服从行为。

此外，还有一些微观因素会影响个体的服从行为。首先是要求服从的权威与实验被试的靠近程度。当权威与被试非常接近的时候，被试更有可能会服从权威；如果权威不在现场，而是以通信的方式对被试下命令的话，被试更有可能拒绝服从。可见，当面反驳权威的心理代价会更大。其次是被电击者的靠近程度。被电击者离被试越近，被试拒绝服从的可能性越高，如果要求被试必须亲自把被电击者的双手放在电极上才能实施电击的话，那么，被试拒绝服从权威的可能性会进一步提高。

四、顺从

顺从也可以称为依从，是指个体在他人的直接请求下，按照他人的要求来行动的现象。顺从也是人与人之间相互影响的基本形式之一，顺从的对象不具有权威，对方只是提出了请求，与拒绝权威提出的命令相比，个体在拒绝这些请求时不会产生巨大的心理代价。但是，在许多情况下，个体依然会根据他人的请求而做出顺从行为。

顺从行为的原因一般有三种：第一种原因是希望被对方所喜欢。群体生活赋予了个体对社会赞许性的需求，会让每个人认为得到他人的喜欢是非常有价值的。生活经验表明，当人顺从他人要求时，他人会做出积极评价。因此，为了获得他人的积极评价，个体倾向于做出顺从行为；如果提出要求的人具有吸引力的话，个体也更有可能顺从其要求。第二种原因是维护既有关系的需要。关系讲究回报，一个人顺从别人的要求以后，关系才有可能得以巩固和强化，并且很可能在未来某个时候得到对方的顺从。相反，如果个体拒绝了他人的要求，可能会使双方的心理关系疏远，今后对方也会相应地减少顺从表现。因此，为了维护现有关系，顺从成为个体愿意维持关系的一种表现。第三种原因与群体有关。当一个群体对个体具有强大的吸引力时，个体则愿意为了维护群体内部和谐而做出某种程度的牺牲，这也可以表现为对其他成员所提出的要求做出顺从反应。

顺从与服从都是社会影响的具体表现之一，两者的区别主要在于：第一，服从具有强制性，而顺从没有；第二，需要服从的命令来自权威，需要顺从的要求来自没有权威的其他个体，顺从行为比服从行为更加普遍。

第二节　来自群体的影响

群体也会对个体的行为构成社会影响，有时候这种影响力还会非常强大。本节所要介绍的群体性社会影响主要包括：社会惰化、去个性化，以及从众。

一、社会惰化

社会惰化（social loafing）是指在群体完成任务时，每个人比单独完成任务时所付出的努力都偏少的现象。马克斯·瑞琼曼（Max Ringelmann，1861—1931）通过实验支持了该现象的存在。早期的研究者认为，社会惰化可能是个体主义文化的产物，但是，后来发现在集体主义文化中，社会惰化现象同样普遍存在。例如，在新中国成立后出现的人民公社制度中，社会惰化现象非常严重，有些社员在劳动中出工不出力，但对于自留地的态度则完全不同。

出现社会惰化现象的原因较为复杂，一般情况下，在个体认为自己的活动不会被单独评价的群体情境之中，社会惰化现象容易发生。个人的努力会淹没在群体活动之中，个体即使想表现自己的能力也可能没有机会，在这种情况下，被评价的焦虑就会降低，个体行为的动力也相应减弱。在人类的集体生活经历中，个体学会了关注他人的评价，而社会惰化情境则让这种社会评价无法发挥作用，结果导致群体中每个人的表现动机都不同程度地下降，活动效率也相应下降。

即使在群体情境中，社会惰化也不是必然会发生，其关键在于个体成员对自身表现的评价认知。如果个体认为在群体中无法辨别自身的表现，其最有可能发生社会惰化现象；如果个体认为自己的表现能够被他人所识别，则不容易引发社会惰化现象。增加个体对群体的责任感也可以减少社会惰化现象，如果个体认为自己的努力对于完成群体任务来说非常重要，并且群体的成功对于自身来说非常有价值的话，那么，个体也可能会加大在群体中的工作投入，在群体层面上表现出整体大于个体之和的效果。

在管理上的量化考核，是对抗社会惰化的一种手段。其核心思想是对群体中的个体进行单独评价。把群体中每个人做了什么单独呈现出来，这样被评价的认知会提升个体在群体中工作的效率。另外，控制群体规模也有一定效果，当群体规模越大时，越难以评价每个人做了什么，所以，很多当代组织采取了小而精的项目小组形式，尽量减少每个群体内的成员人数。最后，增加群体的凝聚力也是一种对抗社会惰化现象的有效方式。群体对个体的吸引力以及群体成员之间的相互吸引都会增加成员的群体认同感与责任感，有助于激发个体为群体做出贡献的意愿与行为。

二、去个性化

去个性化是群体影响个体的另外一种表现，它是指在群体活动中，个体认为外部无法辨认自己的身份，由此导致个体行为丧失了个性与日常特性的现象。去个性化常使人们摆脱正常社会规范的约束，从而表现出极端的社会行为。这一点在互联网中表现得非常明显。例如，在匿名性较高的新闻论坛中，网友对各类社会现象的批评与谩骂非常多；而在匿名性较低的地域论坛中，如果网友在线下交流较多，那么，在论坛上的交流则更具有支持性。

费斯汀格最早对去个性化进行了实验研究。他组织男性大学生以小组为单位进行讨论，论题内容是他们"更憎恨自己的父亲还是母亲"。讨论的环境设置为两种情况，一种环境是明亮的教室，每个成员都有身份标识，在这种环境下讨论很难进行下去，人们对这种敏感问题难以发表深入的见解；另一种讨论环境是昏暗的教室，每个成员都穿上让人无法辨认出身份的服装，这种环境具有去个性化的特征。实验结果发现：在去个性化的环境中，被试更加深入地批判自己的父亲或母亲，而且被试们更加喜欢去个性化的讨论环境。网络聊天与网络论坛之所以更加吸引人，很重要的原因便在于其去个性化的匿名特征。

在去个性化条件下，个体的自我觉知与社会觉知会发生变化，首先表现在对自我行为约束的能力下降，日常生活中的自我监控能力被削弱，平时可以控制的情绪与行为得以宣泄；其次是对他人的社会认知方式也发生改变，对他人传递的信息或者不加批判地接受，或者全盘否定，理智在社会认知中的作用下降，特定的情感开始主导社会认知过程；最后，去个性化还会导致责任意识的分散，个体丧失了责任意识，对自身错误行为的谴责减少，将当下流行的行为模式解释为自身行为的原因。[2]

去个性化与集群行为密切相关，集群行为是指一定数量的个体组成群体后，自发表现出不受正常社会规范约束的狂热行为。英国媒体曾经报道了法国跨年夜的汽车烧毁行为，自 1997 年以来，每当跨年夜即将来临之际，一些法国人会自发地走上街头并焚烧一些汽车，以此作为跨年狂欢的一种方式，几乎每年都有近千辆汽车被烧毁。在我国，也有类似的事件发生，2008 年，在湖南娄底市，有一家超市遭到数百市民的哄抢，造成了近百万元的损失。事件的起因是供应商到超市索要拖欠的货款，在没有得到明确答复的情况下，供应商开始自行清理货物，很多市民看到这一情景后，也跟着挤进超市哄抢超市里的物资。

三、从众

从众是指在群体的压力下，个体改变了自身的知觉、态度和行为等方面，使自己与群体主流保持一致的现象。作为一种群体影响个体的社会影响现象，其在日常生活中非常普遍地存在着，每个人都可能遇到过类似情境：所属的群体已经有了一致的意见，只有自己持不同看法，出于对群体规范的服从或者对自身看法的怀疑等，被迫放弃自己的想法，转而与群体保持一致。

从众行为是在群体压力下发生的，群体压力对于个体来说，可以是有意识地发挥作用，也可以是无意识地发挥作用。有意识发挥作用的群体压力是指，个体认为群体要求自身与之保持一致。群体可以通过多种方式来传递压力信息，个体一旦接收到这些信息，就会感知到群体的压力。无意识发挥作用的群体压力是指，个体没有明确意识到群体压力问题，但群体压力在潜移默化中发挥了作用。群体化生存是个体生活的基本形式，在长期的生活经历中，个体习得了这样的观念：一旦与群体背离，个体就会受到群体的惩罚。无论是正式群体还是非正式群体，确实都存在惩罚偏离者的倾向，人们会倾向于与群体保持一致，这种行为倾向很多时候不需要意识注意，是自发完成的。所以，有些时候群体压力可以在无意识的条件下发挥作用。

阿希关于从众的实验非常著名。在他经典的实验情境中，被招募的男性大学生来参加"知觉实验"，当真被试走进实验室时，已经有几名"被试"在实验室里等待，这位真被试排在比较靠后的发言位置上。实验主试呈现刺激材料——一条标准线段和三条比较线段，要求每位被试依次报告哪条比较线段与标准线段等长。实验任务比较简单，开始两轮实验任务都很正常，但是到了第三轮实验任务时，前面几名"被试"一致给出了错误答案。在这种情况下，真被试会怎么做呢？

阿希发现：有些被试总是坚持自己的判断，然而与此同时，有些被试总是和群体的错误答案保持一致；约有76％的被试至少发生了一次从众行为；总体而言，每三次实验任务中，就会有一次从众发生[2]。在阿希实验中，实验任务简单而清晰，但还是有被试发生了从众行为。经过实验后访谈，阿希将从众行为分为三类：第一类是知觉从众。这类情况比较少见，却能反映群体压力对个体的巨大影响，那些矫正视力正常的被试，在群体的压力下居然把错误答案知觉为正确的，换言之，群体压力改变了个体的知觉过程。第二类是判断从众。在这种情况下，被试的最初判断与其他成员不同，但由于与其他成员发生分歧，导致对自己的判断没有把握，担心自己一个人错得离谱，所以被迫选择与群体保持一致。第三种是行为从众。这类被试知道自己是正确的，群体意见是错误的，但他可不想成为说出"皇帝是光着身子的"那个人，于是在行为层面上发生了从众。

从众行为发生的原因主要有两个方面：一是信息性影响，二是规范性影响。个体总是倾向于认为群体掌握自己所不了解的信息。例如，当我们来到陌生的美食街，不知道应该选择哪家的时候，我们会认为人多的地方肯定错不了，这就是信息性影响的日常表现。浏览互联网的时候，人们更多地会看每个店铺的网络评价，这其实也是信息性影响的表现。规范性影响是指，个体希望被群体所接受，渴望得到其他成员的赞同，并尽量避免被其他个体所反对，而所有这些方面都要求个体遵守群体规范，一旦违背群体规范，将会被群体和其他成员所排斥。而通常群体规范对个体的最基本要求是：与群体保持一致，不要做偏离群体的人。

参考文献

[1] 杨法宝. 论从众行为对中青年成长的消极影响 [J]. 中国人才，1993，(7)：27-28.
[2] 全国13所高等院校《社会心理学》编写组. 社会心理学 [M]. 天津：南开大学出版社，2008：291，303，312-313.

第十三章　利他行为

故人不独亲其亲，不独子其子。
使老有所终，壮有所用，幼有所长，鳏寡孤独废疾者，皆有所养。

——礼记·礼运篇

在我们生活的时代，所发生的最令人愤怒的事情之一就是：人与人之间的冷漠行为。2013 年 10 月 13 日，发生在广东佛山的小悦悦事件，引起全国乃至世界的关注与哀叹。当日下午 5 点 30 分左右，年仅两岁的小悦悦在巷子里先后遭到两辆车的碾压，事件发生后的几分钟内，共有 10 多个人路过，但没有人停下来查看，直到陈贤妹出现，她把小悦悦抱到路边，并找到小悦悦的家人。据媒体报道：事发时小悦悦的父亲正在忙生意，母亲正在楼上收衣服。

类似的事件在美国也有发生。2008 年 5 月 30 日，在美国康涅狄格州的首府哈特福德市公园街区，78 岁的托里斯在过马路时，被一辆飞驰的本田车撞倒在地，肇事车主飞奔逃逸。随后有 9 辆车从大量流血的托里斯身边驶过，却没有人下车查看托里斯的伤情，也没有人去阻挡驶过的车辆以避免伤者再次受到碾压。直到一分半钟以后，一辆巡逻警车经过事故现场，将托里斯送到了医院。

关于利他行为的心理学研究，正是起源于类似的社会冷漠事件。1964 年 3 月 13 日凌晨 3 点 15 分，凯瑟琳·热那亚（Catherine Susan "Kitty" Genovese，1935—1964）从她经营的酒吧回到位于纽约皇后区邱园附近，在距离她所居住的公寓门口大约只有 100 英尺（约为 30 米）的地方，遭到了歹徒袭击。凯蒂大声呼救，虽然寒冷的冬夜里所有窗户都关着，但还是有人意识到了女孩在求救，住在楼上的罗伯特·莫茨（Robert Mozer）对袭击者大声喊道："放开那个女孩！"袭击者受到惊吓而逃跑了。凯蒂艰难地走向公寓的门口，却已无法打开大厅的门锁。过了几分钟，袭击者用一顶帽子遮住脸第二次返回，又一次袭击了凯蒂，并在对她进行性侵犯和抢劫之后离开了，两次袭击共持续了 30 分钟左右。

袭击发生两周之后，《纽约时报》以"37 人目击谋杀却未报警"为标题报道了该事件，并很快引起了轩然大波，公众抨击这些事件目击者为"禽兽"，各类媒体纷纷从社会冷漠与道德沦丧的视角分析该事件。该事件促进了美国 911 报警电话的出现，推动了《见义勇为法》的生效，而且还引起了大量关于利他行为的社会心理学研究。社会心理学家分析类似事件的思路，与媒体视角和大众观念有很大差异。他们避免从"道德堕落"这样的价值判断进行描述，而是以价值中立的态度，分析人们在何种情境下会发生利他行为，在何种情境下利他行为又会减少。他们不被媒体报道的所谓事实而诱导，不为源于道德批判的愤怒情绪而失去客观，他们实事求是地收集参与者的真实反应、想法与情绪，并探讨其与环境因素之间的内在联系。在利他行为研究中，他们没有把人性假设为善的或者恶的，而是坚定地认为人会受到他人及情境因素的影响，其行为有其内在的社会规律。

另据报道，在小悦悦发生车祸后，很快有目击者到小悦悦父母的店铺去报告情况；在托里斯受伤的一分半钟内，就有 4 个人打了报警电话；在凯蒂受到袭击时，只有 12 人（而非媒体所报道的 38 人）听到了声音，然而他们中绝大多数人都没有意识到这是一起袭击事件，还以为是恋人之间发生争吵，或者喝醉的人在大声讲话。而清晰意识到有人被袭击的目击者卡尔·罗斯（Karl Ross），立刻打电话报了警，更有邻居索菲亚·法勒（Sophia Farrar）在不知道歹徒是否离开的情况下，前来查看是否有人需要帮助，直到救护车到达时，她一直将凯蒂搂在怀里。

第一节　利他行为概述

人类的利他行为是复杂的，很多时候远非道德所能解释。在某些情境下，人们愿意无偿帮助他人，即便是不认识的人。当助人行为不能带来可以预见的好处，人们依然选择帮助他人时，可以称之为利他。利他是人类美好品质的一种，也是和谐社会中不可或缺的部分。动物也有利他行为，例如，许多物种中的成年动物会以自我牺牲的方式，来增加同类中的年幼动物的生存机会，但是与动物相比，人类的利他行为更加复杂，其发生不仅受到本能因素的影响，还会受到一些社会情境因素的微妙影响。

一、利他行为及其分类

社会心理学已经对利他行为开展了大量科学研究，取得了非常丰富的研究成果。根据目前较为一致的看法，利他行为可以定义为：自愿发生的、不求回报的助人行为。助人行为是指帮助他人的行为，但助人行为通常具有相互性，尤其是熟人之间的帮助，往往需要反馈或回报，如果没有回报，助人行为通常会减少。利他行为是助人行为中特殊的一种，利他者根本未考虑回报问题，或者根本就不需要回报，而对求助者进行自愿的帮助。

典型的利他行为具有四个特征：第一，利他行为是助人行为的一种，是以帮助他人为目标的；第二，利他行为不是为了得到奖励或者回报，包括荣誉与物质奖励；第三，利他行为是自愿发生的，而被迫发生的助人行为不算是利他行为，出于角色要求的助人行为也不算是利他行为，例如，警察帮助受困者的行为如果在其职责之内的话，不应称为利他行为；第四，利他行为很可能会给利他者带来损失，包括时间损失、物质损失等。在上述特征中，不求回报是利他行为区别于一般助人行为的根本特征。

但是，人类利他行为的表现又很复杂。例如，香港的田家炳先生长期捐助中国的教育事业，在香港遭遇"亚洲金融危机"期间，他甚至卖掉了部分产业，抵押了企业向银行贷款，用于资助教育事业。田家炳先生的捐助有冠名的要求，这也是全国有很多田家炳教育学院、田家炳中学、田家炳图书馆的原因。利他动机有时并不单纯，利他行为在利他的同时，也含有利己的成分。当一个慈善家大量捐款帮助穷人时，他可能也会期望在社会上获得良好声誉的回报。利他行为的背后可能有不同动机，有些利他行为是以利他为手段、以满足自身愿望为目标的；有些利他行为存在着微妙的利己动机，利他者可能也没有意识到；当然，也有纯粹意义上的利他，即利他者为他人的幸福而助人，丝毫没有想到自己的得失。

巴特森认为，利他行为是不图日后回报的助人行为，不应该含有对外在奖赏的期待，但可以含有内在奖赏，也就是通过助人行为获得精神上的满足。当一个人看到有人需要帮助时，既有可能产生专注于自我的内心焦虑，也有可能产生专注于他人的同情情绪，因而有可能产生两种相对应的利他行为：一种是为了减轻自我内心的紧张和不安而采取的助人行为，这种行为的动机是为自我服务的，助人者通过助人行为来减少内心的痛苦，或者使自己感到有力量，或者体会自我价值感，可以称为自我服务取向的利他行为（ego altruism）；另一种是受外部动机驱使，因为看到有人处于困境而产生移情，从而做出助人行为以减轻他人的痛苦，其目的是为了他人的幸福，这种情况才是纯利他行为（pure altruism）。[1]

在分析人类的利他行为时，不应过分纠结于一种利他行为是否具有自我服务功能。自我服务的目标可以分为两种，一种是服务于自身物质需要的满足，即要求受助者给予特定物质的回报；另一种是服务自身精神需求的满足。几乎所有的利他行为最终都有可能产生精神层面的自我回报，利他者在助人之后，会体验到自我价值感，他们为自己的所作所为而感到愉悦。因此，只要利他者并没有要求受助者回报，也没有对回报的期待，那么，其助人行为就是利他行为。那些看到别人遭遇困难而感到焦虑与痛苦的利他者，往往是其道德在发挥作用的结果，他们并没有要求得到受助者的任何回报，只是在精神方面得到了自我强化，并没有违反利他行为的根本特征。

根据利他行为所发生的情境特点，可以将之划分为紧急情况下的利他行为和非紧急情况下的利他行为。这种划分方式的意义在于，在紧急情况下，利他行为发生的可能性通常会更高，其发生可能未经过充分的理性分析；而在非紧急情况下，在利他行为发生之前个体有可能经过较充分的理性计算。这两类利他行为的发生具有不同的特点。

二、利他研究范畴

社会心理学对利他行为的研究涵盖了多种类型，其中最常见的是如下几种：一是紧急情况的救助行为，即当人们看到陌生人陷于困境时，所表现出来的助人行为。二是与犯罪的斗争行为。人们制止或干预犯罪的行为一方面能够帮助受害人，另一方面能使犯罪人的犯罪意识无法得逞，使其犯罪行为遭到惩罚。三是自我克制行为。人们约束自己不做损害他人利益的行为，这种行为本身并不违法或越轨，但当事人却通过克己方式达到利他效果。四是偿还行为。偿还行为的目标是为了回报他人的恩惠，这种恩惠不是社会规范中要求必须予以偿还的，并且利他者所偿还的部分往往会高于所接受的部分，正所谓"受人滴水之恩，当涌泉相报"。本书的讨论主要聚焦于第一种利他行为，同时也涵盖了一些非紧急情境下的利他行为分析。

对利他行为的研究通常包括如下问题：利他是否是人类社会存在的基础之一？人类社会是否可以脱离利他行为而存在？利他行为的社会功能是什么？哪些人更有可能发生利他行为？为什么有的时候人们会见死不救？人类的利他行为是否具有生物学基础？哪些社会规范对利他行为的发生具有促进作用？利他者都具有哪些特点？受助者又具有哪些特点？哪些情境会刺激或抑制利他行为的发生？利他行为对受助者具有何种影响？利他行为对利他者又有何种影响？等等。

第二节　利他行为的影响因素

哪些因素会影响利他行为的发生？要回答这个问题就需要了解利他动机是如何唤起的。利他动机是利他行为的直接原因，其唤起则是一个非常复杂的过程。人们在助人之前往往能够预见到利他行为的代价，而这种代价预期也影响利他行为是否会发生；以往的利他行为所带来的消极后果，也会对未来的利他行为构成影响。来自受助者和利他者方面的某些特点可以预测利他行为发生的可能性。

一、利他动机的唤起

有研究者认为，旁观者在决定是否做出利他行为之前，会做出一系列的判断。他必须观察：当时发生了什么？当事人是不是需要帮助？这种需要是不是非常紧急的？自己是否应该伸出援手？应该采取什么样的帮助行动？借助哪些方法可以完成助人行为？因此，人们在做出助人的决定之前，有许多因素需要考虑。尽管在一些非常迫切的情况下，某些人很快就做出了反应，但是，人们在做出利他决策之前，通常有意识或无意识地逐个考虑到如上几个问题。其中对于情况是否紧急的判断，是唤起利他动机的关键因素之一。

经验表明：在旁观者认为情况紧急的时候，他们通常会对当事人施予帮助。为了研究哪些情况会被人们定义为"紧急情况"，研究者事先把"事件的紧急程度"区分为五个层次：第一级是非常紧急的情况，第二级是比较紧急的情况，第三级是寻常情况，第四级是比较不紧急的情况，第五级被定义为最不紧急的情况。他们列举了一系列事件后，让69名女大学生和21名男大学生对它们的紧急程度加以评价。结果发现紧急事件有如下特点：第一，突然或者出乎意料地发生；第二，当事人可能要受到伤害，或者已经受到伤害；第三，随着事件的发展，当事人所受伤害可能会越来越严重，情况可能会越来越危险；第四，没有其他人可以帮助当事人；第五，旁观者有能力给予当事人帮助。[1]

无论是什么事件，如果人们将其判断为紧急事件，就有可能给予帮助；而事件被认定的紧急程度，决定了旁观者给予帮助的可能性大小。因此，紧急性判断是唤起利他动机与行为的决定性因素之一。例如，当某人突然受伤并且大量出血时，由于事件突然发生，如果不及时帮助或制止，情况将会严重恶化，假设事件发生时只有一位旁观者在场，没有其他人可以提供帮助，而这位旁观者又有能力给予帮助，他可以驾车把伤者送往医院，或者可以拨打急救电话。在这样的情况下旁观者很容易将事件定义为紧急，并提供帮助。相反，当人们看到一群大学生在街上为山区儿童募集100万元人民币购买新书包时，由于山区儿童需要资助的问题一直存在，即使该活动现在无法完成，情况也不至于恶化到哪里去，而且每个人都没有办法提供全部数额的捐助，人们通常只能少量捐款，似乎对解决问题的作用不大，所以，人们通常并不认为这是一次紧急事件，其中大部分人可能不会提供帮助。

求助者的需要也是唤起利他动机的重要因素之一。有些求助者有自我救助的能力，或者存在部分自我救助的能力，这种情况不太容易激起旁观者的利他动机；相反，如果处于困难中的人已经完全丧失了自助能力的话，常能唤起旁观者的帮助动机。例如，一位结实的青年人在走路时摔倒了，他慢慢地站起来，打扫身上的灰尘，旁观者可能会避免关注他，以免引起他的尴尬，极少会向他提供帮助，因为人们认为年轻人体力好，完全没有求助的需要。相反，一个小孩子如果奔跑时摔倒在地，趴在地上哭，旁观者常会扶起并安慰他，因为人们常认为小孩子是需要帮助的。

助人者是否有能力提供有效的帮助，也会影响他助人与否的决策。如果求助者的困境严重到没什么办法能够帮助他的话，旁观者很可能不会提供帮助；反之，如果旁观者感到有能力帮助求助者，就有可能给予实际的帮助。例如，当一位老人突然发病，摔倒在街上时，想要帮助他的人只需要打一个急救电话，这很容易做到，所以，大多数人可能会使用这种办法帮助他。相反，如果需要给予人工呼吸或者心肺复苏，那么，大多数人可能不会贸然行动，因为这很可能是助人者并不掌握的专业助人方式。

二、利他行为的代价

当情况的紧急程度非常明显，而且人们也有能力提供帮助时，为什么还会有人袖手旁观呢？其中一个很重要的原因就是，旁观者考虑到了帮助他人的行为可能会带来麻烦和损失。例如，当人们看到两个人非常凶狠地打架时，人们一般不会贸然干预，大部分人担心会受到伤害。助人的代价不仅包括安全受到威胁，还有很多其他可能的损失。当人们看到有人突然晕倒在地铁里，在伸手帮助之前难免要计算助人的代价问题：如果送他到医院，一定会耽误时间，上班迟到可能会损失奖金；即使自己现在没有什么急事，到了医院之后，如果受助者的家属没有赶到，自己就要垫钱为他看病，这个损失可能会很大；另外，那个倒在地上的人看起来很不卫生，如果他有传染性疾病的话，这种助人的损失可能会极大。

另外，利他行为也可能会带来收益。利他者在帮助他人时并没有期待回报，这并不意味着利他行为不会带来回报。利他行为会给利他者带来内心的愉悦体验，当人们看到一位急需帮助的人却并未援手时，内心会因为道德冲突而产生焦虑体验，利他行为可以减轻这种焦虑体验，而且还可以让人们感受到自己对于他人的重要性、自身存在的价值感，以及自我满足的良好感受。已经完成的利他行为所带来的精神回报，可能会强化其后的利他行为。

三、利他行为的消极后果

每个人都经历过别人需要他伸出援手的情况，在选择了利他的行为方式之后，人们通常会产生良好的自我感觉——感到骄傲或者自豪。一般情况下，受助者也会心存谢意，局外人还会对利他者给予赞扬和鼓励。然而有些时候，受助者并不感谢助人者，甚至还会以怨报德，局外人也没有赞赏利他者的表示，这时利他者也会怀疑自己的助人行为是否适当。在什么样的情况下，利他行为会产生类似的消极后果呢？现有研究表明，在两种情况下，利他行为可能会产生消极的后果：第一，当利他行为对利他者更有利时；第二，当利他行为对受助者产生伤害时，这种伤害通常指的是精神的伤害。

利他行为需要助人者付出一定代价，同时不期待借此行为来换取个人利益。但是，人的动机很多时候并不是如此简单，利他者往往会期望得到奖励或者回报。利他行为常常使利他者感到沾沾自喜，并能够满足他自我价值感的需要，使他感到自己是有能力的。利他行为也有可能是利他者对自己从前所犯错误的一种补偿，使他由此减少罪恶感，或者恢复他在人们心目中的原本形象。不过，利他者也是以自己的动机来评价自己的行为的。如果他很清楚自己动机不纯，带有个人自私目的，那么，他事后对自己的评价也不会很高，这类行为的发生也会减少。

还有些时候，利他行为对受助者来说可能是得不偿失的，受助者会因此而消极地看待利他者。例如，对于某些自尊心非常强的人来说，如果贸然提出借钱给他，原本期待解决他的生活困难，反而有可能会伤害他的自尊心。再例如，公共汽车上向老年人让座，是当前中国社会所提倡的美德，但是，有的老年人不想成为社会的负担，或者他们并不认为自己已经老到需要别人照顾的程度，对于他们来说，被让座可能是尴尬的；在女权主义比较流行的地区，为女士开门也不总是受人欢迎的。受助者在利他行为中所付出的代价，以及由此而产生的态度，也会以不同形式影响到利他者的后继行为。

四、求助者的特点

求助者有无自助能力，是决定人们是否给予帮助的重要因素。一般来说，人们更容易帮助那些自己没有能力解决问题的人。因此，迷路的小孩比迷路的大人更容易得到别人的帮助；尽管现在世人对女人的看法有所转变，不再像从前那样认为她们缺乏能力自助，但是，女性在求助时得到帮助的可能性还是比男性要高，人们会感到有责任去帮助一个遇到麻烦的女人，这与女性柔弱的形象是分不开的。

人们更愿意帮助自己所喜欢的人。我们喜欢那些熟悉的人、外貌有吸引力的人、看起来很有礼貌的人，等等。熟人之间得到帮助的可能性远远超过陌生人，另有许多事实和实验研究结果表明：外貌有吸引力或者是人品好的人，更容易得到别人的帮助。相反，如果某人外表令人讨厌、看起来既不卫生而且没有礼貌的话，会大大减少人们帮助他的可能性。

承诺与责任，也是利他行为发生的重要因素。当人们对某人做出承诺后，或者认为自己对某人或某事负有责任时，更有可能提供帮助。有研究者在一所大学的图书馆里进行了一项现场实验，检验了求助者的性别、旁观者和求助者交往情况等因素与利他行为是否发生的关系。研究者让一位实验助手扮演"求助者"，"求助者"所扮演的角色是一位大学生，他来到图书馆，找到一张有学生正在看书的桌子坐了下来，这些正在看书的学生并不知道他们即将进入一场实验之中。研究者又找来一位实验助手扮演"小偷"，衣衫褴褛、蓬头垢面的"小偷"也走进图书馆，匆匆地看了一眼围坐在这张桌子旁边的人。接下来，当"求助者"离开阅览室之后，"小偷"就会拣起一本"求助者"刚放下的书，然后走出图书馆。当"求助者"返回时，发现自己的书不见了，他就表现出非常吃惊的样子，并请求旁边的人帮助寻找。过了一小会儿，"小偷"也回来了，但手里没有那本书。

研究者想知道：坐在附近的那些学生会帮助"求助者"捉住这个"小偷"吗？研究结果表明：如果"求助者"是女性，会比男性更容易得到周围人的帮助；如果"求助者"在离开阅览室之前，和旁边的人聊过天，哪怕只是问问时间，也会提高得到帮助的可能性。[2]这说明：聊天这一短暂的交往使"求助者"与旁观者之间产生了某种微妙的联系，提升了旁观者提供帮助的责任和愿望。

求助者对自己所处的困境是否应该承担责任，也是影响旁观者给予帮助与否的一个重要因素。同样是一个跌倒在路边的行人，如果他手里拿着一根拐杖，会有更多人愿意帮助他，因为身体虚弱的人摔倒，是他所无法控制的，他对此没有直接责任；如果他手里拿的是一个酒瓶，就很少有什么人愿意帮助他，因为摔倒的直接原因是他饮酒过度，而饮酒过度又是他放纵自身欲望的结果。因为看起来不可避免的外在原因（如疾病或意外事故）而陷于困难的人，比那些由于自己的过失而造成困难的人更容易获得帮助。人们往往拒绝帮助那些由于自己的过错或不适当的行为而遇到麻烦的人，如酗酒者或因粗心大意而酿成大错的人等。

五、利他者的特点

利他者具有哪些特点？要回答这个问题，不妨找到一些经常在紧急时刻不计回报地帮助别人的人，通过访谈、观察、档案调查等方法分析他们的共有特征。现有研究通过类似方法获得了一些关于利他者特征的研究成果。性别会影响利他行为的形式；利他技能的掌握可以促进利他行为的发生；早期社会化所形成的利他习惯是影响成人以后的利他行为发生的稳定因素；此外，如果一个人内化了利他社会规范，也会促进利他行为的发生。上述特征都是较为稳定的特点，而利他者的心境则是影响利他行为发生的不太稳定的因素。

有些研究者认为：女性的关爱与宽恕等道德观比男性更为强烈，因此，女性理应做出更多的利他行为。然而在现实生活中，女性与特定类型的利他行为关系更为密切，如帮助哭泣的小孩子找到妈妈、倾听朋友的痛苦并给予支持等，但在危急时刻对他人伸出援手，则不是女性擅长的。有一项研究让一个人装扮成摩托车骑手，骑手的车在一条繁忙的大街旁熄灭了，他焦急地站在车旁。研究者想要了解哪些过路的摩托车驾驶员会停下来给予帮助。结果发现：此时发生的利他行为存在显著的性别差异，男摩托车驾驶员远比女摩托车驾驶员更容易停下来，并提供帮助。女性驾驶员在遇到有人求助时为什么不愿意停下来相助呢？研究者推测：可能是由于她们认为自己在这种情况下没有能力提供帮助；如果求助者是个素不相识的男性，她们还可能会带有恐惧心理，更害怕停下来。[2]

利他者比普通人掌握更多的利他技能。试想：当一个持刀的歹徒正在抢劫时，普通人通常会感到害怕而不敢上前，但是，如果有一位格斗高手路过的话，他具备空手击败歹徒的能力，并且对此信心十足，那么，他很可能会上前制服歹徒。掌握的利他技能越丰富、越熟练、对救助他人的信心越强的人，越有可能对他人提供帮助。为了鼓励更多的利他行为发生，我们的学校与家庭应该更多地传授利他技能，教给低龄儿童正确地使用报警电话、向青少年传授基本的救助技能，如人工呼吸、心肺复苏、防噎术等，这样能够提高全社会的利他氛围。

早期社会化对成年以后的利他行为发生频率具有重要影响。利他者在儿童期所形成的观念以及父母的言传身教，都是他成人以后选择利他行为的重要原因。如果父母以热情、支持和爱护的方式对待儿童，鼓励儿童与其他孩子分享玩具与食物、鼓励儿童对别人的痛苦给予安慰，不但可以使孩子更受人欢迎，而且有利于其成人以后形成助人倾向与利他习惯。

在社会规范中，有一些内容与利他行为和助人行为息息相关，如社会责任规范（social obligation norms，是指人们应该帮助那些没有能力自助的人）、互惠规范（mutual benefit norms，是指人们应该帮助那些曾经帮助过他们的人）、平等规范（evenness norms，是指人们应该帮助那些值得帮助的人）等。在社会化过程中，已经将这些社会规范内化的人，更有可能发生利他行为。找不到家长的幼儿，会激起人们的社会责任规范，因为幼儿没有能力找到自己的家。曾经帮助过我们的人处于危难之中，会激起我们的互惠规范，因为有的社会规则要求我们"饮水思源，知恩图报"。自尊、自爱、能够为别人着想的人遭遇困难时，会激发人们内心的平等规范，人们乐于帮助那些值得帮助的人；相反，如果求助者自暴自弃或者自私自利的话，人们则会认为他们不值得帮助，所以，也不愿意伸出援手。这些社会规范是社会秩序的基础，内化这些规范的社会成员，更容易按照其要求去做出利他行动。

当发觉求助信号时，旁观者的情绪会影响到利他行为发生与否。大量的研究表明，当人们遇到有人求助的情况时，如果正好心情不错，就会更愿意给予帮助。简言之，积极的心情会增加利他行为发生的可能性。那么，哪些因素会影响人们心情的好坏呢？研究表明：刚刚得到某种奖励、由于某种成功而获得自信感、刚看过一部喜剧或悲剧电影、刚刚听到某些好的或者坏的消息甚至对幸福或伤心往事的回忆等因素，都可能会影响到心情的好与坏。总体而言，幸运的人愿意与人分享他的快乐，不幸的人想得到别人的帮助却不愿意给予。如果利他行为能维持良好心情，或者有助于摆脱不良心情，那么，利他行为发生的可能性更高。因此，不能简单地说心情好有助于利他发生，或者心情不好有助于利他发生，关键还要分析利他行为是否有助于维持良好心情，或者摆脱不良心情。

利他行为的发生受诸多因素的影响，以上谈到了性别、助人技能、早期社会化影响、是否内化与利他相关的社会规范，以及心境因素。这些影响因素的作用机制是复杂的，它们的作用还受制于情境。

第三节 利他情境

任何行为的发生都是有情境的，不存在脱离情境的利他行为。而且情境因素以其特定的方式影响着利他行为是否发生以及如何发生。自然环境的好坏，对助人行为的发生具有促进或干扰作用；社会情境同样会影响利他行为，其中作用最为显著的是旁观者数量。当人们对某种情境是否需要提供帮助不甚明确时，会参考他人对该情境的反应，即对情境的社会性定义。

一、自然环境

一般来说，令人厌恶的环境条件（如雾霾弥漫或天气闷热）会影响人们的心情。心情极度烦躁时，侵犯倾向会增强。然而，舒适的气候和自然环境会增加利他行为发生的可能性吗？有研究发现，人们较有可能在晴朗的天气里帮助他人，而较少在寒冷和刮风的天气里帮助别人。还记得凯蒂遇害时是个寒冷的冬夜吗，在冰冷的晚上离开温暖的床，是件多么痛苦的事情，这是不是导致听到声音的邻居们宁愿相信没有人需要帮助的原因之一呢？

噪声是人们难以承受的一种不规则的声音刺激，它会使利他行为减少。一种可能的原因是噪声破坏了一个人的心情，另一种原因可能是噪声分散了人们对他人需求的注意力。人在一定的时间内只能对一定数量的刺激做出反应，过多的刺激会导致信息超载的痛苦感受，会使一个人的利他行为减少。可以推断，生活在大城市的人之所以比生活在小城镇或农村的人较少做出利他行为，原因之一就是大城市喧嚣的噪声和过多的刺激。生活在大城市里的人，不可能对环境中的所有刺激和要求都做出反应，因此他们往往对不能带来收益的信息视而不见。

自然环境与利他行为的关联存在两种可能性：一种是由于自然环境影响到人们的心情，进而影响到利他行为发生与否的可能性；另一种可能是由于自然环境的不同而导致利他行为的代价不同。

二、旁观者数量

当求助信息发出后，在场的旁观者数量会影响到利他行为的发生。大家可能听过类似的新闻：一位成年男性落水，围观者多达数十人，竟然没有一人施救。在慨叹之后，无论是日常经验还是科学研究都发现：当有人需要帮助时，在场旁观者越多，利他行为发生的可能性越低，这就是所谓的旁观者效应。旁观者效应表明，在紧急求助时，在场人数对助人行为的发生具有负面影响。

约翰·达里（John Darley）和比博·拉坦（Bibb Latane）曾经做过一项简单而结果震撼的实验。实验中的被试是大学生。研究者每次将一位大学生被试带进实验室，分配在单独的房间里，并让实验被试认为他是一个 2 人、3 人或 6 人讨论组的成员，讨论的是与学校生活有关的个人问题。实验主试要求每个学生在单独的小房间里，通过麦克风向小组的其他成员发表自己的意见。而每个房间的麦克风只开两分钟，当一个房间的麦克风开着时，其他房间的麦克风就会关掉，即每次只准一个人讲话。当讨论进行第二轮时，每个人开始对其他人的谈话发表评论。这时告知被试：第二轮自由讨论中主试不在场，因为主试在场可能会影响讨论进行。

在第二轮讨论中，第一个发言者就出现了状况，他其实是研究者的助手装扮的，他的发言是事先录音的，录音的状态是假装作癫痫病发作，说话语无伦次，通过麦克风向其他组员求救。这个实验想要验证的是：在一种紧急情况中，旁观者越多（旁观者的数量实际上是实验主试告诉被试的，真正的旁观者只有被试自己一人），被试跑过去相助的可能性越小，或者出来向实验主试报告的速度就越慢。实验结果支持了如上假设：在两个人一组的情况下，85％的被试在"癫痫病人讲话"结束之前，就打开房间门准备向主试求助；在 3 人一组的情况下，有 62％的被试这样做；在 6 人一组的情况下，则只有 31％的被试这样做。[3]

为什么旁观者数量越少，求助者越有可能得到帮助，旁观者人数越多，求助者得到帮助的可能性反而更小呢？对于这一问题现有几种不同的解释，其中责任分散（liability diffuseness）理论认为：紧急事件发生时，如果有多人在场，提供帮助的责任会扩散到在场的所有人身上，每个旁观者都会感知到自己必须提供帮助的责任减小了。相反，如果只有一个人在场，他会意识到自己施救的义务责无旁贷。如果他见死不救，当时或事后会产生严重的罪恶感与内疚感，对于具有正常道德观的人来说，这种罪恶感和内疚感将会在很长时期内折磨他，这将是一种很大的心理代价。

集体冷漠经常发生在很多人在场的情况下。旁观者可能意识到自己所处的临时群体具有救助的义务，但对于自己来说，他也许会想"即便我不去，也会有别人去救"，这大概是一种正常人的想法。然而当所有旁观者都持有这种观点时，悲剧就会发生。对于利他倾向极强的人来说，他会马上施救而不等待观察别人是否提供援手，他的这种行为会鼓励其他旁观者提供帮助，进而导致旁观者效应的反例出现，即"示范效应"。示范效应是旁观者效应的特例，是指第一个助人者的行为很可能会带动更多人参与救助的现象，通常发生在有大量旁观者的情况下，当一个人首先表现出利他行为时，对其他旁观者具有示范和刺激作用。

三、情境的社会性定义

当人们遇到求助事件时，会对这件事的性质进行解释，判断它是否属于紧急情境，是否需要自己介入。人们只有在做出判断之后才会采取行动。当事件的性质模糊不清时，人们倾向于参考他人的反应来对事件做出判断，这种对情境的判断受他人反应影响的现象，称作情境的社会性定义（social definition）。人们常常认为他人掌握着自己不知道的信息，所以，当人们对某事性质不太确定时，就会转向参考别人的反应。

拉坦和达里于 1968 年做了一项实验，支持了对情境的社会性定义的存在。他们招募了一些大学生，请他们来参加有关城市生活中存在问题的讨论，在实验开始前要求被试先填一张预备问卷。当被试正在填写问卷时，实验主试开始通过墙上的通风孔，向被试所在的房间释放无害但是看起来很恐怖的白色烟雾。这个研究分为三种实验条件：在第一种实验条件下，房间里只有 1 个被试；在第二种实验条件下，房间里有 3 个被试，被试之间互不相识；在第三种实验条件下也有 3 个被试，但其中两个是实验助手，实验助手看到烟雾之后不说话也不作反应，继续填写问卷。[3]

研究发现：在第一种条件下，被试向实验者报告出现烟雾的速度比其他两种条件的被试都要快；第二种条件下的被试比第三种条件下的被试报告出现烟雾的速度要快；而在第三种情况下，实验助手所表现出来的平静，使真被试认为情况并不是很严重，也可能他不想慌张行事，以免在别人面前表现得不成熟或很傻气。个体在日常生活中学会了关注别人对自己的评价，并且希望能够得到好的评价，因此，人们总是尽力表现得更好一些，或者像别人一样做些社会性意义较为安全的事情，在没有经验的情况下尤其如此。

求助情境也需要人们的判断与定义：是否有人需要帮助？这些求助是否紧急？应该以何种方式进行帮助？有些时候，求助情境是模糊不清的，傍晚或深夜的光线不明、求助声音含糊不清、当事人之间关系难以确认等，此时旁观者为了让自己的行为显得适当，就会参考其他人的反应。

第四节　利他行为理论

与动物利他相比，人类的利他行为发生原因更为复杂，社会生物学的解释只能涵盖部分利他行为与利他情境。而来自社会交换理论的社会规范论，则可以将利他行为的发生与社会规范要求联系起来。强化理论，无论是新行为主义的强化观点，还是社会学习理论的强化观点，都可以从不同视角来解释利他行为的习得与保持。

一、生物学解释

查尔斯·达尔文（Charles Darwin，1809—1882）认为：重要的天性往往是在进化过程中有利于生存的。经过自然选择，有利他天性的生物更有可能实现物种延续。例如，斑鸠母亲在看到一只狼或者其他的食肉动物接近它的孩子时，它就会假装受伤，一瘸一拐地逃出穴窝，好像翅膀折断了一样。斑鸠母亲的表演必须很逼真，才会让食肉动物把目标转向它，期待一次比较容易的捕食。一旦将敌人引到安全距离之外，它会一飞而走。斑鸠母亲的策略有时成功，有时会失败，如果失败的话，它就会被食肉动物吃掉。斑鸠母亲以自我牺牲的方式，换取小斑鸠成活的机会，保护了自己的种群。人类历史上也有类似案例，一个家庭、国家或民族之所以能够保存下来，是因为其中少数的勇敢者献出了自己的生命。因此，社会生物学理论假设：人类的利他行为有遗传机制，虽然迄今还不能证实该机制的存在。

对年幼儿童的观察研究，也支持了人类天生具有利他倾向的假设，而且即便是婴儿也有利他行为。例如，他们会试图安慰受伤的父母或兄弟姐妹，给坐在旁边的人喂食物，把自己的玩具给别人玩，看到父母痛苦的表情时自己表现出痛苦的表情等。也许这些行为还不完全是利他行为，有些只是观察、模仿成年人的行为，所以，只能认为婴儿具有先天的利他倾向。不到一岁的婴儿在看到其他人受伤时，能够表现出与自己受伤时同样的痛苦表情，这种同情和与别人分担痛苦的行为往往是利他行为的前兆。

二、社会规范论解释

社会规范论的解释来自社会交换理论。所谓社会规范，就是在社会互动中所要求的行为、态度和信仰的整体模式，这些模式是社会组织以正式或非正式的方式建立起来并认为适宜的行为准则。一般来说，社会互动中的个体面临着必须遵守这些社会规范的压力，而与利他行为有关的重要社会规范主要有前述的社会责任规范、互惠规范和平等规范。如果他们违背了这些社会规范，就有可能遭到社会排斥或者各种各样的惩罚。例如，当一个人拒绝履行互惠规范时，周围人会认为他"忘恩负义"而疏远他；当一个人拒绝履行社会责任规范时，他自己可能会感到强烈的内疚，这也是受到惩罚的一种表现。当一个人没有遵守平等规范，帮助了那些不值得帮助的人，周围的人会认为这是"愚蠢"的表现。

另外，利他行为在不同文化背景有不同的表现。玛格丽特·米德（Margaret Mead，1901—1978）认为，不同社会对儿童抚养的方式具有差异。她在新几内亚比较了两种不同的原始社会后发现：阿拉佩什社会的成年人比较喜爱和纵容他们的孩子，因而培养了儿童彼此亲密和同情他人的品格，这种品格一直保持到他们成年；而蒙杜古马人比较注重独立和自我奋斗的行为，对待儿童比较淡漠，很少培养儿童的同情心，因此该社会的儿童在成年以后少有助人的愿望。米德提出：儿童早期养成的同情心很可能是成年以后利他行为发生的重要影响因素，儿童的利他行为也可能是对其父母行为的模仿。

不同文化对与利他相关的社会规范要求也不尽相同，这为不同社会中人们利他行为的差异提供了另一种解释。有研究表明，社会责任规范在苏联的学校中得到了特别强调，苏联的学校制度非常强调社会责任感。这一规范要求儿童肩负社会责任，促使人们对违反社会规则的人进行批评和指责。因此，在苏联的学校中，儿童认为在课余时间帮助学习有困难的儿童是理所应当的。[4]

三、强化理论解释

按照行为主义理论，利他行为（与其他行为一样）是通过强化而建立的。当儿童帮助母亲干家务活，将好吃的东西留给兄弟姐妹，或者在家人难过时试图进行安慰，父母很可能会使用表扬、糖果甚至零用钱来奖励他们，这些都是社会性强化的不同形式。相反，如果儿童不愿意帮助别人，则有可能会受到父母的批评或他人的指责。所以，儿童将重复那些已经得到过奖励的利他行为，并消退或隐藏那些被评价为自私的行为，这就是强化的作用。

即使是幼儿，在他们因某些偶然的利他行为而得到物质奖励之后，也会再次重复这些行为。当然，如果期待得到物质奖励，那么，这些行为就不算是利他行为了。对学龄前儿童的研究也表明，在没有奖励的情况下，利他行为似乎消失得很快。例如，当提供奖励的成年人不在场的情况下，学龄前儿童就很少表现出利他行为。不过，年龄较大的儿童和成年人，即使在没有受到奖励的情况下，也会持续表现利他行为。这表明，成年人的利他行为已经习得，并且较少掺杂个人的自私动机。阿尔伯特·班杜拉等人认为：当人们得到他人的第一次奖励之后，就会对自己的行为进行强化，他们开始自我欣赏自己的这种行为。因此，强化不仅有外在强化，还包括做了一件好事之后的满足感，即自我强化。

参考文献

[1] 泰勒，佩普劳. 社会心理学 [M]. 谢晓非等译. 北京：北京大学出版社，2004：381-396.

[2] 乐国安. 社会心理学 [M]. 北京：中国人民大学出版社，2009：423-431.

[3] 本章内容主要参考：全国13所高等院校《社会心理学》编写组. 社会心理学 [M]. 天津：南开大学出版社，2003：255-271.

[4] 阿伦森. 社会心理学 [M]. 侯玉波等译. 北京：中国轻工业出版社，2005：322-327.

第十四章 侵犯行为[1]

> 纵观历史，战争作为一种有组织的攻击行为的代表，普遍存在于各种社会形态，从狩猎-采集部落到工业国家，无一幸免。在过去的300年里，欧洲的绝大多数国家大约有一半时间耗在战争上面，几乎没有哪个国家持续享有过100年的太平时光。
>
> ——爱德华·威尔逊（美国）

提及侵犯，似乎每个人都能理解其含义。但是，要给它下一个较为准确的定义，却不是件容易的事情。早期的侵犯研究者受到行为主义流派的影响，把侵犯看成是对其他人造成伤害后果的行为。根据这种看法，只要一种行为伤害了别人，就可以称为侵犯。然而，仅以行为及行为的后果来界定侵犯行为的本质并不恰当。例如，一名足球运动员在比赛时由于射门不准，把球打在对方球员的脸上，导致其受伤。虽然他的行为产生了伤害别人的后果，旁观者却不会把他的行为视作侵犯。反之，一个蓄意杀害别人的人，在施暴时仓皇中未能将刀子扎在谋害对象身上，尽管其行为没有伤及任何人，但依然是一种侵犯行为。可见，侵犯行为的本质不在于伤害的结果，而在于伤害他人的动机。

第一节 侵犯行为概述

在定义侵犯行为时，不仅要看其行为后果，更重要的是要考察其侵犯动机，即伤害他人的内在意图。本书将侵犯行为定义为：有目的、有动机的伤害他人的行为。侵犯行为由三个要件构成：一是侵犯动机；二是伤害后果；三是社会评价。侵犯动机是前提条件，如果没有侵犯动机，伤害的后果不能视为侵犯行为；伤害后果是侵犯行为的外在表现，只有造成实际伤害或现实威胁的行为，才有必要分析是否有侵犯动机，只有侵犯想法但没有任何实际行为，也算不上侵犯行为；只有社会主流观念认定是侵犯的行为，才算作是侵犯行为。

例如，当一位父亲打不听话的小孩子时，父亲是有意这样做的，具有内在动机；他的行为也带来了伤害性后果。但是，在中国文化背景下，传统观念认为"棍棒之下出孝子"，所以，很多人并不认为打孩子是一种侵犯行为。相反，在美国社会中，法律禁止对孩子使用暴力，并视之为违法行为。所以，在美国父亲打孩子就会被视为侵犯行为。

一、如何判断行为背后的侵犯动机

伤害行为的发生是外在的，其行为结果可以直接呈现在众人面前。当伤害性结果发生时，要搞清楚一个人是否有内在的侵犯动机，则是一件困难而复杂的事情。人们无法通过感官直接获得相关信息，只有通过如下几个方面来判断当事人是否具有侵犯意图。

第一，要分析行为发生时的社会情境。人的所有行为都发生在特定的社会情境或环境之中，环境的特点可以向人们提供理解行为者内在动机和意图的有用线索。例如，在激烈的冰球比赛中，因撞击而造成的身体的伤害，通常被认为是无意的。假如这种身体撞击发生在办公室或者教室里，没有人会认为这种行为是无心之过，而是暗含某种报复的动机了。

第二，要分析行为者的社会角色。教师训斥学生，父母责打孩子，都是我们的社会所认可的角色行为，一般不会被认为是有意的侵犯行为。一旦颠倒了角色，学生打老师，孩子骂父母，就会被认为是有意的侵犯行为。因此说，社会角色提供了是否有内在侵犯动机的重要线索。

第三，行为发生前的当事人之间的联系。假设甲骑自行车将乙撞成重伤，如果此前两人的关系一直很好，或者以前并不认识，人们就不能推断甲有侵犯的意图；反之，如果人们知道甲乙两人关系一直非常紧张，或者被撞者曾经伤害过撞人者，而撞人者又多次扬言要报复，此时，人们就倾向于推断这是一种有意的攻击行为。

第四，要看行为者的身份特性。经济地位、性别、种族背景、教育程度及职业地位等，也可以提供行为者是否有侵犯动机的线索。人们倾向于认为：某种身份的人，应该有一套适合该身份的行为方式，人们会按照这种观点来推断某种行为的动机。例如，受过高等教育的人如果对别人用语粗俗，就会给人造成有意攻击他人的印象；相反，如果某人读书不多，平时野蛮粗俗，即便他在与人谈话时使用粗话，倒被认为是语言习惯所致，而不是有意攻击别人。

上述几个方面的分析不是绝对的，是否存在侵犯动机需要人们综合分析，有时候还需要凭借以往的相关经验，全面而细致地考察其他方面的因素，才能更准确地加以判断。

二、侵犯行为的类别

社会生活中的侵犯行为表现形式是复杂的，可以根据多种分类标志区分出不同的侵犯类型。细分侵犯类型可以减少概念间的异质性，增强同一类型侵犯行为之间的同质性，这对于解释侵犯行为的理论来说更为重要，一种理论往往在解释特定类型的侵犯行为时特别有效，当指向其他类型的侵犯行为时，则有可能会面临解释力下降的问题。

根据侵犯行为的方式，可以划分出言语侵犯和动作侵犯。言语侵犯是使用语言、表情等方式对别人进行的侵犯，诸如讽刺、诽谤、谩骂等；动作侵犯是使用身体的特殊部位（如手、脚）或者利用武器对他人进行侵犯。虽然两种类型都是令人不安的侵犯行为，但当代社会对言语侵犯的宽容度相对更高，对动作侵犯的容忍度更低，一旦达到特定程度的伤害，则有可能带来法律问题。

按照侵犯动机的指向，侵犯可以分为报复性侵犯和工具性侵犯。如果侵犯者只是想让受害者遭遇不幸，目的在于复仇和教训对方的话，那么，这就是报复性侵犯；如果侵犯者想通过侵犯行为达到某种目的，只是把侵犯行为作为达到目标的一种手段，那么，这种侵犯可以称为工具性侵犯。报复性侵犯多数是由激情驱动的，这种激情让侵犯者不顾利害得失、不考虑后果地伤害别人；工具性侵犯多是由理性分析所驱动，侵犯者认为通过侵犯行为可以获益，其目标是行为所带来的收益。

根据侵犯行为是否违背社会准则，可以划分为三种不同的类型：反社会的侵犯行为、亲社会的侵犯行为、被认可的侵犯行为。人们一提到侵犯行为，往往首先想到的是反社会的侵犯行为，诸如人身攻击、凶杀、打群架等故意伤害他人的犯罪活动，这样的行为很显然是违背社会准则的，所以是反社会的侵犯行为。所谓亲社会的侵犯行为，是指不但不违背社会准则，还能为维护社会准则而服务。例如，为了治安而执行除恶任务，公检法人员抓罪犯、调查贪污、惩罚罪犯等都属于这类情况。所谓被认可的侵犯行为是指既不违背社会规范，但也不是为了维护社会规范所必需的，是经过长时间而形成的一种社会习惯，如父母使用体罚的方式教育不听话的孩子等，被社会认可的侵犯行为是介于反社会侵犯行为和亲社会侵犯行为之间的一种行为。

此外，还可以将侵犯分为广义的侵犯和狭义的侵犯。广义的侵犯包括亲社会、反社会和被认可的三种侵犯行为；而狭义的侵犯仅指反社会的侵犯行为。本书所讨论的侵犯行为及其解释，基本上是以狭义侵犯为基础的。

第二节　侵犯行为的生物学解释

早期对侵犯行为的生物学解释，多倾向于认为侵犯是人类的本能。现代生物学与社会生物学的解释从遗传、激素、进化等视角进行了富有启发的研究。人类行为在很大程度上不能摆脱其生物本性，社会文化与规范因素只能在一定程度上加以调节。因此，了解生物学对侵犯行为的解释对于认识侵犯行为的本质具有重要意义。

一、侵犯是否为本能

19世纪后半期，心理学成为一门独立的学科，当时受到进化论影响，不少理论家把人类的动机都归因于先天的本能，暴力倾向被认为是人类最有力量的本能之一。威廉·詹姆斯认为，人类皆有好斗的劣根性。他相信侵犯倾向是通过遗传而来的本能，人们基本不能摆脱它，只有通过替代性的活动消耗侵犯驱力，才能使侵犯倾向得到一定控制。[1]

20世纪初，精神分析学派对侵犯展开了新的本能论研究，弗洛伊德早期认为侵犯与利比多密切相关，利比多在弗洛伊德看来象征着性冲动，因此，侵犯是与人类性本能联系在一起的，是来自性压抑所产生的困扰状态。后来，弗洛伊德又提出了死亡本能的概念，认为死亡本能代表着人类自身的恨以及破坏的力量，表现为求死的欲望。死亡本能有内向和外向之分，当它指向内在的时候，人们就会折磨自己，变成受虐狂，甚至会毁灭自己；当它指向外在的时候，人们就会表现出破坏、损害、征服和侵犯他人的行为。由于受到生存本能的影响，死亡本能通常是指向外的。当一个民族的死亡本能指向特定群体时，就会发生战争，因此，战争就像侵犯行为一样是不可避免的。死亡本能之所以会发动战争，实际上是一种自我保存的方式，人们相互杀戮就是为了不让死亡本能指向自身。

20世纪60年代，动物行为学家康拉德·洛伦兹（Konrad Lorenz，1903—1989）把人的侵犯行为与动物的侵犯行为作了比较。他认为动物的侵犯行为有两种：其一为掠食行为，目的在于进食以保存生命，这种行为是一种不带情绪的、近乎天性的反应；其二是争斗行为，成群而居的动物会产生同种之间如何分配食物、性配偶与空间领域的冲突问题，动物解决这种问题的方式常常表现为威吓、争斗和侵犯。这种争斗和侵犯具有求得生存并使物种不断进化与发展的功能。洛伦兹认为，对动物的争斗行为的研究成果，可以帮助人们了解自身的侵犯行为。

洛伦兹认为，动物与人类的侵犯具有生物保护意义，最没有侵犯性的动物将会被物种所淘汰。他确信，侵犯是人类生活不可避免的组成部分，不可能完成消除，只能定期加以发泄，以免侵犯过度。他建议人们采用举行体育竞赛和其他消耗体力的活动，如登山、航海等没有破坏性的发泄方式取代有破坏性的方式。

对人类侵犯的本能解释至今仍然保持着一定的影响。但是，詹姆斯和弗洛伊德的猜测都不足以说明侵犯是一种本能；洛伦兹把对动物的研究结论直接推及人类还需要进一步验证。总之，这些侵犯的本能理论还停留在用一种特殊概念来推测内在的生物过程和生物机制的层次上。内在的生物机制和生物过程在侵犯行为中扮演着重要的角色，但是，不能因此说侵犯就是一种本能行为。

二、动物行为学解释

动物行为学的观点通常来自动物学研究方法，后者的基本假设是：如果两个物种的行为方式比较接近，那是因为其进化环境相似；反过来，如果他们的进化条件相同，那么，两者的行为方式也会比较接近。洛伦兹就是通过观察进化程度低于人类的物种，得到了支持其观点的直接证据。他认为：人类也是动物界的一个分支，其内部的侵犯能量会不断地积累，当特定的外部刺激引发了内部的侵犯能量时，侵犯行为就会发生，所积累的侵犯能量也得以发泄。然后，一个新的能量积累过程又开始了。

通过对灵长类动物组织的研究发现：个体社会能力的发展，取决于恰当地运用侵犯行为的能力。个体要获得社会能力，一方面要学会在特定条件下控制侵犯冲动，另一方面要学会在某些挑战面前恰当地使用侵犯方式来解决问题。单独饲养的猴子和完全在同辈群体中长大的猴子相比，因缺少和外界的联系，普遍地表现出不适当的侵犯行为，他们也因此有可能被猴群所排斥，难以得到群体帮助与认同，很难在群体中获得令其满意的地位。同样，那些好斗或者容易受欺负的儿童也都会受到群体的排挤，难以在同辈群体中获得令人尊重的身份。

三、进化的解释

生物进化学对人类侵犯的研究，非常强调人类行为进化和发展过程。侵犯的能力是人类固有的，侵犯的年龄和性别差异在青春期中表现得最明显，与男性相比，女性在青春期时的身体侵犯只扮演着不太重要的角色；在青春期和成人早期中，与男孩相比，女孩更多地使用人际支配和人际惩罚等替代性方式。上述观点都有初步的支持性证据，生物因素在人类侵犯行为模式发展过程中扮演着重要的角色。[1] 因此，研究者必须关注生物因素在不同的发展阶段和进化阶段的作用，以及生物因素是如何衔接这些发展阶段并创造各具特色的个体侵犯行为模式的。

还有研究者把男性嫉妒看做是影响男青年发生凶杀暴力的一个主要因素。他们认为，男性希望确信他们对自己的后代具有排他性的父权，所以，他们不但要控制和支配异性，同时还要和其他同性争夺有利于再生产的重要资源。[1] 在现代社会中，这些资源不再表现为筑巢地和猎食领域，而是表现为无形的地位和社会权力。

四、行为遗传学解释

行为遗传学领域也有大量的研究试图探索遗传因素在人类侵犯行为中所发挥的作用。其中孪生子、染色体差异、被收养者与亲生父母的比较等研究，是比较常见并且有效的方法。

有研究者找到 9 个具有 XYY 染色体的男性暴力犯罪人，并随机挑选了 16 个染色体正常的男性暴力犯罪人。他们认为，染色体异常者的犯罪行为源于其遗传因素，而染色体正常者的犯罪行为则主要源于生活环境。由此可以推论：染色体异常犯人的同胞兄弟，如果染色体正常的话，他们犯罪的可能性更小；染色体正常犯人的同胞兄弟，因为共享生活环境，其犯罪的可能性更大。研究者们分析了这两组犯人的兄弟们的犯罪记录发现：在 9 个具有 XYY 染色体的犯人的全部 31 个兄弟中，只有一人有犯罪记录，而且只犯过一次罪；而在 16 染色体正常的犯人的 63 个兄弟中，12 个人有犯罪记录，累积犯罪案件达 39 件。[1]该研究结果支持了染色体异常与侵犯行为、犯罪行为有直接关系。

但是，现有的研究成果中也存在相互矛盾的现象。有研究者分析并总结了现有的 24 项研究后发现：侵犯的遗传性随着样本的年龄、侵犯性的测量方式等因素差异而发生变化。[1]行为遗传说的解释还需要更有说服力的研究成果。

五、激素对侵犯的影响

人们很早就发现，雄性激素在动物的侵犯行为中发挥着重要的作用。诸如睾丸激素之类的雄性激素，之所以能够影响动物的侵犯行为，是因为它们能够在动物身上起到两种作用：组织和激活。在胎儿临产和出生之前，影响胎儿身体发育以及神经系统的结构和功能发育的激素浓度所起的作用是组织作用，而激活作用是在产后影响儿童和成人的情绪及行为的荷尔蒙浓度变化的结果。现有研究发现，睾丸激素会刺激几种雄性脊椎动物的侵犯性，尤其是在生殖活动期间，会大大地增加雄性动物之间的侵犯行为。但人类是否也会受到类似影响还处于广泛的争论之中。

通过调查了一些 11 岁的男孩和女孩后发现：如果母亲在怀孕期间接受合成激素注射的话，孩子们在面对假设存在的刺激情境时，会比他们无此经历的兄弟姐妹表现出更多的侵犯性。还有研究发现：睾丸激素浓度和侵犯之间存在相关性，这证明了睾丸激素在侵犯行为中能够发挥激活的作用。研究者比较了同一所监狱里的被判暴力犯罪的犯人和被判非暴力犯罪的犯人后发现：前者的富余睾丸激素水平要高于后者。[1]

在这类研究中，经常是把荷尔蒙浓度看做原因，把侵犯行为的发生视为结果。然而另有研究认为实际情况可能正相反，与侵犯相关的经历，如涉及竞争或过分固执的行为，也会影响睾丸激素的浓度。对有些灵长类动物进行研究后发现，雄性动物的睾丸激素会随着它们的地位变化而改变，当其获得或捍卫了支配地位时，它们的睾丸激素浓度就会上升；相反，当其处于被支配地位时，睾丸激素浓度就会下降。由此可以看出，侵犯行为和激素之间不是简单的因果关系。

第三节 挫折侵犯理论

挫折侵犯理论，是把侵犯行为定义为人类对环境条件反应的第一次系统尝试。也有人提出过侵犯是人对环境的反应，但是，此前没有人对此观点进行过系统的论证。挫折侵犯理论最早是由约翰·多拉德（John Dollard，1900—1980）等提出的，其产生和发展一直受到精神分析理论和学习理论的双重影响。研究者之所以把侵犯与挫折联系起来，是因为受到弗洛伊德把挫折与精神病相联系的启示；另外，学习理论可以解释侵犯行为的行为过程，即源于后天的学习。

一、挫折侵犯理论

所谓挫折，既可以指目标受阻的客观情境，又可以指当一个人努力实现目标时遭到干扰或破坏，导致需求不能得到满足时的主观情绪状态。在经典挫折侵犯理论中两种状态是同质的。人的侵犯行为乃是因为个体遭受挫折而引起的，这便是挫折侵犯理论的基本内容。该理论的主要论点认为，侵犯是挫折的一种后果，侵犯行为的发生总是以挫折的存在为先决条件的；反之，挫折的存在也必然会导致某种形式的侵犯。可以看出，在经典挫折侵犯理论中，他们认为挫折与侵犯之间是一种简单的、一一对应的因果关系。

挫折侵犯理论体系包含一系列命题：受挫强度越大，发生侵犯行为的可能性越高；个体所感知到的预期惩罚强度对侵犯行为具有抑制力量；在受挫强度一定的情况下，预期惩罚越严重，侵犯发生的可能性越小；在预期惩罚一定的情况下，受挫强度越大，越有可能发生实际的侵犯行为。

二、相关研究支持

挫折侵犯理论提出后得到了一些实验研究的支持。研究者曾经做过一项有趣的实验，他把一群孩子分为对照组和实验组，然后把他们都领到实验室的窗外，孩子们通过窗户可以看到里面放满了诱人的玩具。从一开始，就允许对照组的孩子进去玩；而对于实验组的孩子，开始的时候只让他们在一旁观看，而不允许他们进去玩，观看一段时间后，才让他们进去玩这些玩具。实验结果发现，实验组的孩子与对照组相比，在实验室中玩玩具的时候表现出更多的侵犯行为[2]，这是由于在开始的时候实验组的孩子们受到挫折的缘故。

19世纪末20世纪初，在美国南方连续发生白人用私刑处死黑人的暴力事件。学者们便考察了1882～1930年美国南方经济情况与私刑处死黑人次数的关系。因为在当时棉花是南方最主要的经济作物，所以，学者们就把棉花的销售价格作为经济情况好坏的指标。他们发现：当棉花价格低的时候，私刑的次数就多；棉花价格高的时候，私刑的次数就少。棉花价格降低时白人农场主的收入就会减少，经济上的挫折导致侵犯倾向增加，软弱无辜的黑人就成了白人发泄怒气的对象。后来还有研究进一步表明，白人对白人的私刑次数也和棉花的销售价格有关。[1]

三、挫折侵犯理论的修正

随着研究的进一步深入，许多研究者逐渐发现，挫折与侵犯之间不是简单的一一对应的关系。许多生活中的例子也表明，挫折并不一定导致侵犯反应。例如，当个体意识到自己所受的挫折，是出于一些不得已的原因时，一般不会表现出侵犯行为；而军人在战争中杀死素不相识的人，不是因为受到侵犯，而是因为执行命令的结果。另外，有人为了权力、财物而加害他人，其侵犯行为是为了实现特定目标而采取的手段，也不是受到挫折后的结果。

尼尔·米勒（Neal Elgar Miller，1909—2002）率先修正并扩充了挫折侵犯理论的内容。他提出：挫折作为一种刺激，可以引起一系列不同的反应，侵犯行为只是其中的一种形式而已。挫折的存在不一定会导致侵犯行为，但是，侵犯行为肯定是受挫的结果。实际上，米勒保留了挫折侵犯理论的前半部分观点，而修正了其后半部分，他把挫折与侵犯之间一一对应的因果关系，修正为一因多果的关系。

在米勒之后，还有一些学者对挫折侵犯理论进行了修正，其中最有影响的是伦纳德·伯科威茨（Leonard Berkowitz，1926—　）提出的修正理论。伯科威茨认为，挫折的存在并不一定会导致个体发生实际的侵犯行为，只能使个体处于一种侵犯行为的唤起状态，即愤怒；侵犯行为最终是否会发生，取决于个体所处的环境是否给他提供一定的侵犯线索。如果个体所处的环境并没有提供这样的线索，个体就未必会表现出侵犯行为。换言之，外在环境的侵犯线索，是使内在侵犯冲动形成实际表现的必要条件，并且侵犯行为的反应强度取决于其唤起程度。什么算是外在的侵犯线索呢？一个处于暴怒激情之中的人，如果看到武器（如刀或棍），会进一步刺激侵犯行为发生的可能性，这种现象被称为武器效应，而武器是典型的侵犯线索。

伯科威茨在一项实验中观察了被试受挫后的侵犯唤起状态。他先把全部被试分为两组，分别接受不同难度的谜语测验，对照组被试要解决的谜题看起来简单，实际上也好解决；实验组被试所得到的谜语看起来简单，实际上却很难解决，这样通过让实验组被试无法完成任务而体验受挫感。接着让对照组和实验组的一半被试观看暴力影片（如功夫片），另一半被试看非暴力影片。然后，再让他们扮演老师的角色，教一个学生（研究助手扮演）学习某种材料，当学生犯错时，可以用电击加以惩处。结果发现：实验组中观看过暴力影片的被试，要比观看中性影片的被试表现出更强的侵犯性。被试受挫以后，进入到侵犯行为的唤起状态，他将采取怎样的行为，由当时最占优势的反应决定，观看暴力影片的环境线索诱发了侵犯行为，使侵犯成为当时最占优势的反应。

伯科威茨特别强调，外在环境的侵犯线索是使内在侵犯冲动形成实际表现所必需的条件，但后来他又指出，如果挫折引起的唤起强度达到一定强度，也可以引发实际的侵犯行为。由于遭遇到厌恶事件引起的情绪状态本身，可能会成为引发侵犯反应的明显刺激，因此情绪唤起程度强到某一水平时，也可以引发实际的侵犯行为。在所处情境或内在思维中，如果有适当的侵犯线索出现，则实际表现外显侵犯行为的可能性会更高。

如果在个体所处的环境之内不存在给人以引导的认识线索，挫折不一定能导向特定形式的侵犯反应。换句话说，个体在遭到挫折之后将做出什么反应，以及表现出怎样的行为，是由环境线索或者说环境提供的刺激来引导的，而反应强度则决定于挫折引发的唤起程度。

在伯科威茨看来，经典挫折侵犯理论中将挫折与侵犯一一对应的观点站不住脚，一种侵犯行为的最终产生，除了受到挫折的影响之外，还要受到诸多的其他因素影响。从受到挫折到发生侵犯，存在着复杂的作用机制，这种机制中各种因素的共同作用，决定了挫折是否会引发侵犯行为。无论是米勒还是伯科威茨的修正，始终是以挫折与侵犯之间存在一定联系为前提的，他们修正的是受挫与侵犯之间发生联系的机制，但是，对于那些不以受挫为前提的侵犯行为，该理论就没有解释力而言了。挫折是引起人类侵犯行为的一个条件，但不是唯一条件，挫折的一种可能作用是加强个人对暴力相关事件的侵犯反应。

第四节 社会学习理论

一、观察学习与模仿

最早与多拉德一起提出挫折侵犯理论的米勒等人，在阐述其学说的时候就曾提出：个体受到挫折之后的反应，决定于过去的学习经历，也可以经由学习而改变。社会学习理论则从人类的认知能力出发，探讨人如何获得侵犯反应以及侵犯反应的表现。社会学习论者认为：挫折或愤怒情绪的唤起，是侵犯倾向增长的条件，但并非必要条件。对于已经习惯用侵犯态度和行为来对付烦恼情境的人而言，挫折更有可能会引发侵犯行为。

那么，侵犯态度和侵犯行为是如何通过学习而获得的呢？就人类来说，观察模仿是一种极为重要的学习机制。社会学习理论的创始人之一班杜拉强调：在观察学习中，抽象认知能力起非常重要的中介作用。当一个人耳闻目睹一种行为时，他会把观察到的知觉经验（包括行为者的反应序列、行为后果及该行为发生时的环境状况等）以一种抽象的符号形态贮存在记忆系统之中，经过一段时间后，若有类似的刺激出现，他会将贮存于记忆系统中的感觉经验取回并付诸行动。班杜拉把此种观察学习的过程称为中介的刺激联结。

个体从观察他人的侵犯行为，到自己表现出侵犯行为，需要三个必要条件：第一，有一个榜样表现出侵犯行为。例如，某人在观察者面前攻击、辱骂、殴打玩偶，或者表现出其他有意伤害他人的言行。第二，榜样的侵犯行为被认为是"合理"的。如果观察者看到榜样的侵犯行为得到赞扬或支持，或者这种侵犯行为符合观察者内在的需要，那么榜样的侵犯行为就可以被认定为合理。第三，观察者在榜样表现侵犯行为的时候必须在场，即观察者能够与榜样共享侵犯行为发生的具体情境。以上三个必要条件缺一不可。

然而，侵犯的习得还需要有三项并非必要却是充分的条件：第一，观察者有足够的动机去注意榜样的侵犯行为表现以及当时的情境状况；第二，榜样的反应和相关刺激必须能够贮存于观察者的记忆系统中；第三，观察者有能力做出所观察到的侵犯行为序列中的有关反应，即观察者可以完整地表现出榜样的侵犯行为的主要细节。

若上述几项条件具备，个体在观察了一种行为榜样之后，便可能产生三种效果：第一，经过个体认知系统的整理后，将相关刺激线索联结起来，使观察者习得了新的反应。第二，由于榜样的行为得到奖赏或处罚，观察者体验到替代性酬赏或处罚，从而修正了观察者习得的行为表现。例如，弟弟看到哥哥对别的小孩使用暴力时很出风头，但是父母知道后给予他严厉处罚。弟弟因此明白使用暴力攻击别人虽然看起来出风头，但最终会受到处罚，于是产生了自我行为的抑制，不再表现出与哥哥相同的行为。反之，若父母没有惩罚哥哥的表现，而且对其行为大加赞扬，那么，弟弟在其后的行为中就倾向于表现出相同的行为。第三，榜样的行为助长了观察者表现已习得的行为，换言之，榜样的行为提示了观察者可以做些什么，以及应该怎么做。

班杜拉及其同事在一项著名的实验中，把一些小孩子分为两组，安排他们到两个实验室里学习做各种图案。在孩子的学习过程中，分别安排一个成人榜样到两间实验室里做出不同的表现。对照组的小孩子看到的是榜样在安静地做他自己的事情（中性行为），时间大约为 10 分钟；而实验组的小孩子则看到榜样用铁锤狠狠地敲击一个橡皮人，并把橡皮人抓起来摔打，口里还不时地喊"打、打"，时间大约也是 10 分钟。当孩子们的学习结束后，实验主试把他们领到另外一个房间里，让他们玩一些非常有趣的玩具，正当他们玩得兴高采烈时，有人进来把玩具收走，实验主试通过这种方式让小孩子体验受挫感，随后研究者通过单面镜来观察孩子们在此后 20 分钟内的行为。实验室里有橡皮人、铁锤和其他东西。那些亲眼目睹成人攻击橡皮人的孩子，要比看到一个温和安详成人的孩子们表现出更多的侵犯反应，他们对橡皮人拳打脚踢，并伴之以怒骂声。

研究者发现，在小孩子的侵犯反应中，有些是与榜样所表现的侵犯行为完全相同的，这些是模仿习得的侵犯反应；有些则不是榜样所表现过的，那是小孩子原有的侵犯反应，榜样的侵犯表现把小孩子原来对侵犯行为的抑制解除了。班杜拉等人后来又重复了类似的研究。略有不同的是，成人榜样表现出侵犯行为后，实验主试及时出现给以奖赏或给予处罚。当看到成人因表现侵犯行为而受到奖励时，孩子们会模仿这位成人；当看到成人因为表现出侵犯行为而受到惩罚时，孩子就不会模仿或很少模仿他。但是，即使小孩子没有表现侵犯行为，不等于他没有习得这种行为，实验主试通过询问发现：即使没有模仿榜样的孩子们，也能正确无误地把观察到的攻击侵犯行为表现出来。这意味着观察者把观察所得的知觉刺激保存于记忆系统中，当情况合适的时候，还是会有所表现的。

二、大众传媒如何影响侵犯

20世纪与以往时代相比，最大的变化就是大众传媒的普及与多样化，人们几乎随时随处都可以接触到大众传媒信息。随着联网手机的流行，大众传媒开始进入到用户的口袋里。随着大众传媒的普及，向人们提供模仿与观察学习的机会也越来越多。

在社会学习理论看来，大众传媒是人们模仿的重要来源，电视观众、广播听众、互联网用户通过使用大众传媒，对不同类型的榜样进行观察学习。大众传媒中的暴力与色情内容，对人们尤其是青少年具有消极影响。美国学者在1976年做的一次调查发现，在美国平均每25分钟就有一个人遭到袭击而死亡；他们通过对两周内的电视节目进行分析后发现，每10个节目中，就有8个属于暴力和侵犯一类，并且每一个节目中平均有5次暴力侵犯的镜头。研究还发现，学生们平均每天收看电视节目的时间为5~6小时。[1]一方面，电视、电影放映大量的暴力节目；另一方面，社会上暴力侵犯事件不断增加。于是，学者们很自然地将二者联系在一起了。值得一提的是，这些关于暴力节目与侵犯行为之间关系的媒体效果研究，促成美国的电视、电影分级制度。

在怎样的情况下，电视中的暴力节目会影响到人们的行为呢？研究者认为需具备下述条件：第一，观众所看到的电视节目，在特定主题和内容方面出现得很频繁而且相当一致；第二，观众经常性、有规律地收看相同主题的节目内容；第三，观众知觉并学习到该主题内容所表现的行为，可以直接或间接地应付或解决一些现实问题；第四，观众对于该主题内容所表现出的思想观念必须有某种程度的接受。

受到电视节目影响最大的是儿童，因为儿童的注意力比较容易被具有强烈情绪、激烈活动及冲突的节目内容所吸引，所以，比较容易习得侵犯行为与侵犯态度。有学者研究了小学四、五、六年级学生的侵犯态度与其观看电视节目之间的关系后发现：观看暴力节目越多，其侵犯性态度就越强。相关的研究所得到的研究结论相当一致，只有极少数学者认为：观看暴力内容与侵犯行为的表现无关。还有学者通过实验研究提出：观看暴力节目有宣泄的效果，不但不会增强侵犯倾向，反而还会减少一些侵犯行为表现。[2]

社会学习理论从人类所特有的认识能力出发，认为侵犯及其表现与否受到认知的影响，人的侵犯行为是学习的结果，是一种后天习得行为。对于低龄儿童来说，该理论的解释力更强。对于成年人来说，有意识模仿多于无意识模仿，并且其道德观与价值观已经定型，因此受榜样行为的影响较小。在解释成人的侵犯行为时，价值观与行为习惯能够说明更多的现象。

第五节　侵犯控制

没有侵犯性的人是不存在的，侵犯对于社会参与中的个体具有一定保护意义，在人类社会中需要防止的是侵犯性过度表现。过度表现的侵犯性将会破坏合作规范与社会秩序，因此，所谓的侵犯控制，是指将侵犯行为保持在合理的限度内。

一、宣泄

宣泄的概念最早是由亚里士多德提出来的，原意是指用文学作品中的悲剧手法，使人们的恐惧与忧虑等情感得以释放，以达到净化的目的。后来，这一概念被弗洛伊德引用到其学说之中。弗洛伊德认为：侵犯是一种本能，是人与生俱来的驱动力。每个人都有一个本能的侵犯能量储存器，它所储存的侵犯能量是固定的，多余的侵犯能量总是要通过某种方式表现出来，从而使个人内部的侵犯性驱力减弱。所以，应当不断以各种方式使过剩的侵犯性能量发泄出来，如球赛、拳击、游泳或者培养人与人之间积极的情感联系等，人们还可以适当地表现一些侵犯行为，否则侵犯性能量滞存过多，后果更加不堪设想。洛伦兹也认为侵犯是人类的本能，是社会行为中不可摆脱的组成部分，战争是人的侵犯本能发泄的结果，因此他主张以一种不具有破坏性的发泄途径来代替战争，如体育比赛、登山、航海等。

虽然侵犯的本能论目前已经逐渐被主流研究所抛弃，但是，那些重视挫折与侵犯行为之间关系的学者还是认为：对于那些受到挫折、体验到愤怒的人，让其适当表现一些侵犯行为，能产生宣泄的作用。换言之，当给受到挫折的人表现愤怒的机会时，他在其后行为中会显示出更少的侵犯性。除了通过直接表现一定程度的侵犯行为来达到宣泄目的之外，观看他人的暴力行为是否能够使人的愤怒减轻呢？按照宣泄论的观点，答案应该是肯定的。但是，从伯科威茨的侵犯线索理论以及班杜拉的社会学习理论来看，观察他人的侵犯行为不仅不能减轻愤怒，而且还会强化侵犯倾向和侵犯行为。

宣泄方式是一个应当认真加以研究的课题，由于社会道德与各种规范的限制，如何选择一种有效同时能够得到社会支持的方式来宣泄侵犯能量变得非常重要，常见的宣泄方式主要有体育活动、文娱活动、交友、谈心等，这些具体方式分别对哪些类型的侵犯起作用，其内在的宣泄机制如何，这些尚需进一步研究与探索。

二、习得抑制

习得抑制是指人们在日常生活中所学习到的对侵犯具有控制作用的观念、内化的社会规范、有关的情绪和能力等。首先，社会规范对侵犯性的表现具有抑制作用。一个人在社会化过程中，会逐步懂得哪些事情可以做，哪些事情不可以做，这就是接受和内化社会规范的过程。当一个内化了社会规范的人，想表现出违反规范的侵犯行为时，会产生一种对侵犯行为后果的焦虑感，这种焦虑感会抑制侵犯倾向。现有实验研究表明：对侵犯行为后果的焦虑程度越高，其抑制能力越强；对侵犯行为后果的焦虑程度越低，其抑制能力越差。

其次，他人的痛苦线索对侵犯行为也具有抑制作用。痛苦线索是指被侵犯者受到伤害的情绪状态及其外在表现。受害者的痛苦表现可以唤起侵犯者的同情情绪，使他把自己置身于受害者的地位上，感同身受地体会受害者的痛苦，从而抑制自己不再进一步发生攻击行为。当然，痛苦线索能够发挥抑制作用需要以侵犯者具有一定的共情能力为前提。有些实验研究通过特定方式激怒被试，然后给予被试电击他人的机会，当被试看不到被电击者的"痛苦表现"（只是实验助手的表演而已）时，其电击行为中所体现出来的侵犯性更强；当被试能够看到被电击者的痛苦表现时，其侵犯行为得到了极大程度的抑制。曾经有过被侵犯体验的人，更有可能抑制自身的侵犯行为。实验者让一半被试亲自体验一下电击的痛苦，另一半被试则不用体验电击的效果，然后要求两组被试按实验主试的指示去电击别人，体验过电击的被试更倾向于使用较弱的电击，而未体验过电击的被试则给他人以较强的电击。

最后，对报复的恐惧可以在一定程度上抑制侵犯发生。当某人知道自己伤害他人之后，他人有机会施以报复的话，在一定程度上会减弱侵犯行为的强度。在前面的实验中，当控制电击的被试得知，第一轮实验结束后会进行角色互换，即被他电击的人也可以对他实施电击，这时，他对别人电击的强度会减弱。

三、培养共情能力

共情是一种能够深入他人内心世界、了解他人真实感受的能力。在人际交往中，共情是一种促进关系的积极能力。善于共情的人能够进入他人的主观世界，在体验其内在感受的基础上，做出恰当的情感表达与行为反应。具有共情能力的人，不但对他人的痛苦线索敏感，而且可以引发自身的利他行为，或者通过中止侵犯行为以减少对方的痛苦。因此，培养社会成员的共情能力可以有效控制侵犯行为的过度发生。

共情能力的培养应从幼儿开始，让·皮亚杰（Jean Piaget，1896—1980）认为：处于前运算阶段的儿童（4～6岁），只会从自我中心的立场去认识事物，而不能从他人的立场或客观的立场去理解事物。幼儿在认知上的自我中心特点与利己主义有所不同，但成人应有意识地提供认知情境与经验，帮助幼儿顺利走出自我中心。协助幼儿摆脱自我中心立场、培养儿童共情能力的最好办法是角色扮演。成人与幼儿游戏时可以让幼儿扮演不同的角色，甚至是与实际身份相反的角色，鼓励他们从所扮演角色出发做出行动；对于学龄儿童来说，还可以进一步通过舞台剧表演的方式培养其共情能力，借此实现对自身侵害行为的控制。

参考文献

[1] 乐国安. 社会心理学 [M]. 北京：中国人民大学出版社，2009：435-455.

[2] 本章内容主要参考：全国13所高等院校《社会心理学》编写组. 社会心理学 [M]. 天津：南开大学出版社，2003：272-290.